Praxiswissen für Aufsichtsräte und Beiräte

Internationalisierung für Aufsichtsräte und Beiräte

Was Sie als Aufsichtsrat oder Beirat
über Internationalisierung wissen sollten

Autor: Michael Gutowski

Reihe: Praxiswissen für Aufsichtsräte und Beiräte

Herausgeber: Dr. Harald Schönfeld, Andreas Renner

Michael Gutowski

Managing Partner
gutowski & milner

Praxiswissen für Aufsichtsräte und Beiräte

Internationalisierung für Aufsichtsräte und Beiräte

Was Sie als Aufsichtsrat oder Beirat über Internationalisierung wissen sollten

Mit einem Vorwort von Hang Nguyen, Generalsekretärin Diplomatic Council, und einer Einführung von Dr. Harald Schönfeld, Lehrgangsleiter „Zertifizierter Aufsichtsrat & Beirat (m/w/d)“, und Andreas Renner, Akademischer Direktor und Geschäftsführer der Steinbeis Augsburg Business School

Reihe „Praxiswissen für Aufsichtsräte und Beiräte“
Hrsg: Dr. Harald Schönfeld, Andreas Renner

Diplomatic Council Publishing

1. Auflage 2023

Hinweis zu gendergerechter Sprache

In diesem Werk ist wie in allen Büchern des Verlages mit dem generischen Maskulinum, zum Beispiel „Aufsichtsrat“, „Beirat“, „Geschäftsführer“, „Vorstand“, stets die sexusindifferente Bezeichnung gemeint, also alle (!) Geschlechter. Alle Abweichungen von dieser Regel werden sprachlich eindeutig gekennzeichnet, etwa durch Worte wie „männlich“ oder „weiblich“.

Auf Genderzeichen oder die Bezeichnung „(m/w/d)“ wird aus Gründen der besseren Lesbarkeit völlig verzichtet.

Bibliografische Informationen der Deutschen Nationalbibliothek

Die Deutsche Nationalbibliothek verzeichnet die Publikation in der Deutschen Nationalbibliografie; detaillierte bibliografische Daten sind im Internet über http://dnb.d-nb.de abrufbar. Printed in the Federal Republic of Germany.

Gedruckt auf säurefreiem Papier.

Gestaltung, Cover, Satz: IMS International Media Services, Wiesbaden

Print ISBN: 978-3-98674-075-7

E-Book ISBN: 978-3-98674-076-4

„Wer immer tut, was er schon kann, bleibt immer das, was er schon ist."

Henry Ford

„Durch das Internet ist die internationale Expansion sehr einfach geworden. Man muss die Sache nur richtig anpacken."

Oliver Samwer

„Wenn Sie nur Dinge machen, von denen Sie im Voraus wissen, wie sie laufen, wird Ihr Unternehmen untergehen."

Jeff Bezos

„Entscheidungen zur internationalen Expansion – ob dafür, dagegen, wie und wohin und mit welchem Aufwand – gehören stets im Aufsichtsrat oder Beirat diskutiert."

Dr. Harald Schönfeld, Kursleiter „Zertifizierter Aufsichtsrat & Beirat" an der Steinbeis Augsburg Business School

Inhalt

Präambel

In der Welt der Unternehmensführung spielen Aufsichtsräte und Beiräte eine wichtige Rolle. Diese beiden Gremien werden umgangssprachlich gelegentlich synonym verwendet, doch tatsächlich gibt es wesentliche Unterschiede zwischen ihnen.

Der Aufsichtsrat stellt nach der Hauptversammlung das zweithöchste Kontrollgremium eines Unternehmens dar. Seine Aufgabe besteht darin, die Arbeit des Vorstands zu überwachen und sicherzustellen, dass das Unternehmen in Übereinstimmung mit den gesetzlichen Vorschriften und den Unternehmenszielen arbeitet. Der Aufsichtsrat setzt sich aus Mitgliedern zusammen, die von den Aktionären des Unternehmens gewählt werden und eine breite Palette von Fähigkeiten und Erfahrungen mitbringen sollten.

Im Gegensatz dazu hat ein Beirat oft keine gesetzlich vorgeschriebene Rolle und kann als Beratungs- oder Expertengremium fungieren. Beiräte werden häufig vom Vorstand, der Geschäftsführung oder den Eigentümern eines Unternehmens ernannt und sind dafür verantwortlich, dem Unternehmen strategische Ratschläge und Unterstützung zu bieten. Ein Beirat kann auch genutzt werden, um einen externen Blick auf das Unternehmen zu erhalten oder um eine besondere Expertise einzubringen, beispielsweise in Bezug auf Technologie, internationale Märkte oder Marketing.

So unterschiedlich die beiden Gremien sind, so vielfältig sind die Gemeinsamkeiten. Beide tragen entweder direkt oder indirekt Verantwortung für das Gedeihen eines Unternehmens.

Verantwortlichkeiten klar definieren

Eine der größten Herausforderungen für Aufsichtsräte und Beiräte besteht darin, ihre Rollen und Verantwortlichkeiten klar zu definieren. Einige Unternehmen neigen dazu, Aufsichtsräte und Beiräte als „Papiertiger" zu betrachten, die nur wenige Aufgaben haben und wenig Einfluss auf die tatsächliche Arbeit des Unternehmens nehmen. Um effektiv zu sein, müssen Aufsichtsräte und Beiräte jedoch aktiv und engagiert sein und eine klare und transparente Kommunikation mit dem Vorstand und anderen Führungskräften des Unternehmens aufrechterhalten.

Die Rolle von Aufsichtsräten und Beiräten kann je nach Unternehmen und Branche variieren, aber es gibt einige wichtige, allgemeine Aufgaben, die beide Gremien erfüllen sollten. Dazu gehört die Überwachung der finanziellen Leistung des Unternehmens, die Festlegung von Unternehmenszielen und -strategien, die Bewertung von Risiken und Chancen sowie die Überprüfung der Einhaltung von Gesetzen und Vorschriften. Kommunikation stellt auf allen diesen Gebieten einen Schlüsselfaktor für den Erfolg dar.

Ethische und nachhaltige Geschäftspraktiken

Ein weiterer wichtiger Aspekt der Arbeit von Aufsichtsräten und Beiräten besteht darin, sicherzustellen, dass das Unternehmen ethische und nachhaltige Geschäftspraktiken anwendet. In einer Zeit, in der die Öffentlichkeit immer mehr Wert auf Nachhaltigkeit und Corporate Social Responsibility legt, ist es wichtig, dass Unternehmen sich dieser Anforderung bewusst sind und entsprechende Maßnahmen ergreifen – und diese auch nach innen und außen kommunizieren.

Insgesamt spielen Aufsichtsräte und Beiräte eine entscheidende Rolle bei der Führung und Kontrolle von Unternehmen. Indem sie eine unabhängige Perspektive und eine breite Palette von Fähigkeiten und Erfahrungen mitbringen, können sie dazu beitragen, dass Unternehmen erfolgreich und nachhaltig sind.

Die Buchreihe „Praxiswissen für Aufsichtsräte und Beiräte" wendet sich an alle Personen, die sich auf ihre entsprechende Rolle vorbereiten oder diese noch besser ausfüllen wollen. In den einzelnen Bänden kommen Praktiker zu Worte, die in ihren jeweiligen Segmenten langjährige Erfahrungen aufzuweisen haben und selbst schon in Aufsichtsräten und Beiräten aktiv sind.

In allen Bänden geht es nicht darum, Fachbücher zu den jeweiligen Themengebieten zu ersetzen, sondern aus der Praxis erwachsene Tipps und Tricks zu verraten, die sich häufig in gar keinem Lehrbuch über das betreffende Fachgebiet finden. So gelingt es auch dem Autor des hier vorliegenden Buches, Michael Gutowksi, der Leserschaft Leitplanken bei der Frage, wie international sich ein Unternehmen aufstellen sollte und vor allem, wie dabei am geschicktesten vorzugehen ist, an die Hand zu geben, die in der gängigen Fachliteratur entweder kaum aufgeworfen oder überwiegend theoretisch beantwortet werden. Dabei nimmt er konsequent die Perspektiven des Aufsichtsrats und Beirats ein und gibt diesen praxisnahe Kriterien an die Hand, um das Agieren eines Unternehmens auf allen Gebieten der Internationalisierung zu hinterfragen und zu verbessern. Dafür gebührt dem Autor ein großer Dank.

Ein besonderer Dank geht auch an Dr. Harald Schönfeld, den Kursleiter der Kursreihe „Zertifizierter Aufsichtsrat und Beirat" und an Andreas Renner als Academic Director und Geschäftsführer der Steinbeis Augsburg Business School, in der dieser Zertifikatslehrgang angeboten wird. Beide fungieren als Herausgeber für diese Buchreihe, stellen die Qualität aller Bände sicher und tragen Sorge, dass sich die einzelnen Werke gegenseitig ergänzen.

Berater der Berater

Die Buchreihe „Praxiswissen für Aufsichtsräte und Beiräte" stellt eine Gemeinschaftsproduktion unserer UNO-Denkfabrik Diplomatic Council mit der Steinbeis Augsburg Business School dar. Es werden ausschließlich Autoren veröffentlicht, die den hohen Anforderungen beider Institutionen genügen. Das bedeutet die Verbindung zwischen einem hohen intellektuellen Niveau mit einer jahrelang bewährten Erfahrung in der betrieblichen Praxis. Nicht die Wissensvermittlung ex cathedra zeichnet die gemeinsame Buchreihe aus, sondern kluge Köpfe mit Bodenhaftung, die ihr geballtes Know-how als Berater der Berater weitergeben.

In diesem Sinne wünsche ich der Leserschaft eine erkenntnisreiche Lektüre.

Hang Nguyen

Generalsekretärin Diplomatic Council

Vorwort des Autors

Das vorliegende Werk soll kein Fachbuch über Betriebswirtschaft ersetzen und ist auch nicht etwa ein Kapitel aus einem BWL-Schmöker. Sondern es ist dafür geeignet, Personen, die Aufsichtsrats- und Beiratsmandate wahrnehmen, einen Leitfaden an die Hand zu geben, um die Internationalisierung eines Unternehmens zu hinterfragen und gegebenenfalls wertvolle Impulse dazu zu geben.

Denn genau dies sind zwei der wesentlichen Aufgaben eines Aufsichtsrats oder Beirats: die Aktivitäten des Vorstands bzw. der Geschäftsführung zu kontrollieren und Impulse zu geben. Dabei ist die Frage, wie international sich ein Unternehmen aufstellen sollte, im Mittelstand häufig eine strittige Angelegenheit. Einerseits lockt das vermeintliche, enorme Absatzpotenzial – Motto „Wenn auch nur ein Prozent aller Chinesen unser Produkt kaufen, haben wir unseren Umsatz verzehnfacht“. Andererseits ist wohl jedem Manager – sei es nur nebulös oder sehr konkret – klar, dass die Internationalisierung einer Firma weit mehr ist als einfach den Absatz mit dem Faktor zehn zu multiplizieren. Und jeder hat wohl schon mehr als einmal von „Horrorstories“ über Firmen gehört, die an dem Versuch, sich international aufzustellen oder auch nur auf einem für sie neuen geografischen Markt Fuß zu fassen, kläglich gescheitert sind.

Sie erinnern sich: Der US-Einzelhandelsriese Walmart versuchte Ende der 1990er Jahre, in den deutschen Markt einzutreten, indem er hierzulande Wertkauf und Interspar akquirierte. Allerdings scheiterte Walmart Deutschland aufgrund einer Reihe von Faktoren, darunter kulturelle Missverständnisse, starke lokale Wettbewerber, unterschiedliche Geschmacksvorlieben und eine mangelnde Anpassung an das deutsche Geschäftsumfeld. Walmart zog sich schließlich im Jahr 2006 aus Deutschland zurück und verkaufte seine Filialen an die Metro Group. Allein die Kosten für den Rückzug wurden mit 680 Millionen Euro beziffert.[1]

Wenn Walmart mit 611 Milliarden Dollar Jahresumsatz scheitert, in einem relativ kleinen Land wie Deutschland Fuß zu fassen, so mögen Sie sich fragen, wie kann viel kleineren Unternehmen eine Internationalisierung überhaupt gelingen.[2] Lassen Sie mich Ihnen versichern: Die Liste mittelständischer Firmen, die im Ausland überaus erfolgreich unterwegs sind, ist sehr lang – viele davon durfte ich persönlich begleiten.

Nehmen Sie einen kurzen Einblick in deutsche Unternehmen, die international bestens aufgestellt sind:

- Würth Group: Ein weltweit führender Spezialist für Montage- und Befestigungsmaterial, der seinen Hauptsitz in Deutschland hat und in über 80 Ländern erfolgreich tätig ist.[3]

- Stihl: Ein deutscher Hersteller von Motorsägen und anderen motorisierten Gartenwerkzeugen, der in über 160 Ländern präsent ist und dort sehr erfolgreich ist.[4]

- Trumpf: Ein deutsches Unternehmen, das in der Herstellung von Werkzeugmaschinen und Lasertechnologie tätig ist. Trumpf hat Produktionsstandorte in Europa, Nordamerika und Asien und ist in vielen Ländern erfolgreich.[5]

- Sennheiser: Eine deutsche Firma, die sich auf die Herstellung von Mikrofonen, Kopfhörern und anderen Audiogeräten spezialisiert hat und weltweit bekannt ist.[6]

- Fuchs Petrolub: Wiederum ein deutsches Unternehmen, das Schmierstoffe herstellt und in über 60 Ländern erfolgreich agiert.[7]

Haben Sie's gemerkt: Es sind durchweg mittelständische Unternehmen, wenngleich im oberen Bereich des Mittelstands. Doch die Liste der kleineren Firmen, die sich ebenfalls überaus erfolgreich außerhalb Deutschlands tummeln, ist noch viel länger – viele davon durfte ich persönlich begleiten. Man muss es nur cleverer und vor allem viel weniger arrogant als Walmart anfangen. Genau genommen ist die Walmart-Story in Deutschland geradezu ein Lehrbeispiel dafür, wie man es *nicht* tun sollte.

Aus dieser Erkenntnis heraus habe ich im vorliegenden Ratgeber meine in der Praxis gesammelten Erfahrungen über Internationalisierung aus der Helikopterperspektive zusammengefasst. Diese Erfahrungen resultieren aus zahlreichen Projekten, in die ich als Berater und als Interim Manager involviert war. Sie kennen den Unterschied? Als Interim Manager ist man im Gegensatz zum externen Berater nicht außen vor, sondern mittendrin, steht also für eine gewisse Zeit im Rahmen eines Projekts „in der Linie" – häufig mit sehr weitreichenden Befugnissen. Schließe ich ein großes Projekt erfolgreich ab – was glücklicherweise in der Regel der Fall ist – so werde ich gelegentlich im Anschluss gebeten, das jeweilige Thema – also Internationalisierung – weiter zu begleiten. Denn: Internationalisierung ist naturgemäß ein „Projekt", das niemals endet. So erlebe ich immer wieder in sehr unterschiedlichen Konstellationen, wie Aufsichtsräte und Beiräte funktionieren.

Aus dieser mehrfachen Erfahrung heraus habe ich das vorliegende Werk verfasst: als Berater der Berater. Ich habe mich dabei bewusst kurzgefasst, erstens, um keine Fachbücher zu ersetzen, und zweitens, um den Schwerpunkt auf Tipps und Ratschläge zu legen, die aus der Praxis erwachsen sind und in vielen Fachbüchern eher fehlen. Jetzt bleibt mir nur noch, Ihnen eine erkenntnisreiche Lektüre zu wünschen.

Michael Gutowski

Einführung der Herausgeber

Von Dr. Harald Schönfeld, Kursleiter „Zertifizierter Aufsichtsrat & Beirat“ an der Steinbeis Augsburg Business School, und Andreas Renner, Direktor Steinbeis Augsburg Business School

Aufsichtsrat und Beirat wird man in der Regel mit etwas gesetzterem Alter. Bis dahin hat man viel gelernt, ein stabiles Kontaktnetz aufgebaut und reichlich Erfahrungen gesammelt, die für viele Unternehmen von großer Bedeutung sind. Die mit einem Mandat als Aufsichtsrat oder Beirat verbundene Verantwortung ist jedoch nicht zu unterschätzen. Damit ist nicht nur die rechtliche Verantwortung vor allem bei börsennotierten Unternehmen gemeint, sondern auch das Pflichtbewusstsein und der innere moralische Kompass, einer Firma den bestmöglichen Ratschlag zuteil werden zu lassen.

Zertifikatskurs für Aufsichtsräte und Beiräte

Vor diesem Grund haben wir an der Steinbeis Augsburg Business School eigens einen Zertifikatskurs für Aufsichtsräte und Beiräte aus der Taufe gehoben. Er ist dafür konzipiert, Mandatsträgern zu helfen, ihre Kompetenzen und Erfahrungen bestmöglich in die Berufung einzubringen und die damit verbundenen Aufgaben souverän zu steuern und zu überwachen.[8]

Im Kurs legen wir besonderen Wert auf eine anspruchsvolle, fachlich fundierte und an der betrieblichen Praxis orientierte Aus- und Weiterbildung. Die gleichen hohen Ansprüche stellen wir an die Buchreihe „Praxiswissen für Aufsichtsräte & Beiräte“, in der das vorliegende Werk erschienen ist. Praxisorientierte Methoden, Instrumente und Lehrinhalte helfen Ihnen, den Erfolg

Ihres Mandatsunternehmens sicherzustellen. Dabei gehen wir sowohl im Kurs als auch in der Buchreihe auf die unterschiedlichen Schwerpunkte je nach Mandat ein. Denn die Arbeit als Aufsichtsrat oder Beirat ist in der Regel anspruchsvoll und komplex und erfordert eine fundierte Qualifikation.

Initiativen für Ihren Erfolg und den „Ihrer“ Firmen

Die Buchreihe wendet sich sowohl an Personen, die gerade in die Rolle als Aufsichtsrat oder Beirat hineinwachsen als auch an solche, die schon dabei sind, aber ihr Kenntnisspektrum erweitern oder vervollständigen wollen. Hinzu kommen zahlreiche, weitere Gelegenheiten rund um das Thema, mit Gleichgesinnten zusammenzukommen sowie Kontakte mit Unternehmen zu knüpfen, die nach kompetenten und erfahrenen Aufsichtsräten und Beiräten suchen. Hierzu haben das Diplomatic Council, das zum engsten Beraterkreis der Vereinten Nationen gehört, und die Steinbeis Augsburg Business School über den Zertifizierungskurs und die Buchreihe hinausgehend mehrere, weitere Initiativen ins Leben gerufen, darunter beispielsweise die bekannten Starnberger See Gespräche und das Programm 100 Beiräte für Familienunternehmen sowie das globale hochkarätige Kontaktnetz des Diplomatic Council für seine Mitglieder.[9]

Wir verstehen unsere Aufgabe darin, Sie erfolgreich zu machen, damit Sie „Ihre“ Unternehmen beim Erfolg unterstützen können!

Dr. Harald Schönfeld, Andreas Renner

Aufbruch in internationale Märkte

Wenn ein Unternehmen, gleich welcher Größe, an seine Wachstumsgrenzen stößt, stellt sich immer die Frage nach neuen Märkten. Das können neue Produkte, neue Services, neue Branchen – und eben auch neue ausländische Märkte sein.

Natürlich ist mit jeder Expansion ins Ausland ein nicht zu unterschätzendes Risiko verbunden. Aber die Chancen sind in der Regel deutlich größer. Wenn das Unternehmen, in dem Sie als Aufsichtsrat oder Beirat engagiert sind, in Deutschland erfolgreich ist – oder gar schon in Deutschland, Österreich und der Schweiz –, machen Sie sich (und „Ihrem“ Vorstand oder „Ihrer“ Geschäftsführung) klar, um wieviel größer das Potenzial im Rest der Welt ist. Hinzu kommt: Durch die Verteilung des Geschäfts auf mehrere internationale Märkte erreicht „Ihre“ Firma letztendlich auch eine höhere Stabilität. Kommt es auf einem Markt zu Schwierigkeiten, beispielsweise aufgrund einer nationalen Gesetzgebung, haben alle anderen Märkte weiterhin die Chance auf ungebremstes Wachstum.

Um nicht missverstanden zu werden: Ich will keineswegs einer von Naivität geprägten Internationalisierung das Wort reden. Aber wenn Sie auf Ihrem Heimatmarkt schon „alle niedrig hängenden Früchte gepflückt“ und Ihren maximalen Marktanteil erreicht haben – und dabei erfolgreich sind –, dann ist das häufig ein guter Moment, eine internationale Expansion in Erwägung zu ziehen.

Auf den folgenden Seiten finden Sie die Schlüssel zum Aufbau einer neuen Geschäftsplattform außerhalb Ihres bisherigen Heimatmarktes – und damit zur Umwandlung „Ihres“ Unternehmens vom Nationalen zum Internationalen.

Auf Grundlage meiner jahrzehntelangen Erfahrung habe ich für Sie einen praxisnahen Plan zusammengestellt, der Ihnen zeigt, was nötig ist, um „international zu werden“. In diesem Sinne sind die nachfolgenden Seiten als praktische Hilfestellung bei zwei Fragen zu verstehen: erstens, wollen und sollen wir überhaupt international expandieren, und zweitens, wenn ja, wie?

Wir begeben uns auf eine Reise, auf der wir die Schlüsselbereiche identifizieren, um sicherzustellen, dass Sie „Ihr“ Unternehmen erfolgreich auf neue, internationale Märkte ausweiten können. Als Aufsichtsrat und Beirat gibt es viele Fragestellungen, mit denen Sie sich zu beschäftigen haben. Der Komplex der Internationalisierung stellt einen der interessantesten dar – und einen, bei dem besonders viel Verantwortung auf Ihren Schultern lastet.

Internationales Business hat viele Fallstricke

Dieses Buch wurde in erster Linie geschrieben, um Ihnen bei der Beurteilung zu helfen, ob internationales Wachstum für Ihr Unternehmen geeignet ist, und wenn ja, um Ihnen praktische Hilfsmittel für die Umsetzung an die Hand zu geben. Bevor wir uns jedoch näher mit diesem Thema befassen, lohnt es sich, über einige Trends der letzten Zeit nachzudenken.

In den letzten Jahrzehnten hat der Prozess der Internationalisierung fast jeden Aspekt unseres Lebens berührt, meistens zum Besseren. Aber es muss auch gesagt werden, dass dies leider nicht immer der Fall war und die Folgen erst im Nachhinein vollständig verstanden wurden.

In ihrem Bestreben, die Effizienz zu maximieren, haben viele Unternehmen die eigene Produktion – in der Nähe ihres lokalen Marktes und ihrer Kunden angesiedelt – nach China ausgelagert.

Für die Gewinn- und Verlustrechnung des Unternehmens sah das gut aus, weil man einfach davon ausging, dass es auf unabsehbare Zeit ein reichliches und unerschöpfliches Angebot an billigen Containerschiffen geben würde.

Offenbar hatte niemand auch nur im Entferntesten damit gerechnet, dass eine weltweite Pandemie zunächst die Nachfrage dämpfen und dann das wieder einsetzende Wachstum (nach Covid-19) in Verbindung mit extrem hohen Ölpreisen zu einer Kostenexplosion bei der Containerschifffahrt führen würde, die sich negativ auf die Gewinn- und Verlustrechnung auswirken und Probleme bei der Lieferzuverlässigkeit für viele Produkte verursachen würde.

Die Annahme, dass Unternehmen ihre Rentabilität durch zentrale Beschaffung verbessern können, hat sich in vielen Branchen bestätigt und bewährt. Dazu seien nachfolgend einige Beispiele genannt.

Für die Herstellung von Keramikfliesen wurde in den letzten Jahren die Rohstoffbeschaffung von Italien (Produktionsstandort) in die Ukraine verlagert, wobei neben der besseren Qualität vor allem Kosteneinsparungen im Vordergrund standen.

Nach dem Konflikt mit Russland wurden die Rohstofflieferungen jedoch eingestellt, was zu erheblichen Marktstörungen führte. Die Industrie nahm daraufhin die früheren Lieferungen aus Italien wieder auf.

Einige Telemarketing-Unternehmen haben ihren Kundendienst nach Indien verlagert. Dies mag aus kommerzieller Sicht gut sein, aber wenn die Kunden nicht verstehen, was das Kundendienstteam sagt, kann dies zu einer sehr negativen Wahrnehmung des Unternehmens führen.

Im Bereich der Festplattenprodukte, wo der Großteil der Fertigungskapazitäten in Thailand angesiedelt war, brach während der besonders heftigen Regenzeit 2011 die gesamte Lieferkette zusammen, was sich unweigerlich auf die Verfügbarkeit und die Preisgestaltung auswirkte.

Strategic Rightsizing – die richtige Balance halten

Aufgrund der übermäßigen Abhängigkeit von weitreichenden Lieferkettenvereinbarungen versuchen Unternehmen nun, teilweise auf lokale Produktions- oder Dienstleistungsvereinbarungen zurückzugreifen, um weniger anfällig und flexibler zu sein. Ich bezeichne dies als „strategisches Rightsizing" und werde später darauf zurückkommen.

Auf den folgenden Seiten werden wir untersuchen, warum Unternehmen meiner Erfahrung nach international wachsen wollen, welche Vorteile sich daraus für die Gesellschaft im weiteren Sinne ergeben und welche Strategien es gibt, um einen nachhaltigen, langfristigen Wachstumsplan aufzustellen.

Wir werden untersuchen, was erforderlich ist, und Fallstricke (häufig gemachte Fehler, die es zu vermeiden gilt) erörtern.

Internationalisierung / Globalisierung

Über Jahre, wenn nicht Jahrzehnte, hinweg wurde der Begriff der „Internationalisierung“ mehr oder minder mit „Globalisierung“ gleichgesetzt. Dies wiederum war ein Wort, das bis zur Bankenkrise 2008/2009 als relativ neutral oder sogar positiv wahrgenommen wurde. Vielleicht etwas, das unvermeidlich war, aber sicherlich nicht in einem negativen Kontext gesehen wurde.

Nach 2009 jedoch schien sich die Wahrnehmung vieler Menschen in den meisten Ländern dramatisch verändert zu haben, da das Großkapital (globale / internationale Unternehmen) in dieser Zeit für die Missstände in der Welt verantwortlich gemacht wurde. Das ist bedauerlich, denn es besteht ein erheblicher Unterschied zwischen der Bedeutung dieser beiden Begriffe:

Internationalisierung...

..bezieht sich oft auf ein lokal ansässiges Unternehmen, das eine Strategie entwickelt hat, um seine Produkte oder Dienstleistungen erfolgreich in anderen Ländern zu vermarkten, und zwar auf eine Weise, die für diese anderen Märkte verständlich und akzeptabel ist.

Das lokale Unternehmen kann in der Regel Skalierungsvorteile nutzen und sein Geschäft dementsprechend auf mehreren Märkten ausbauen.

Globalisierung…

..steht eher im Zusammenhang mit der Erleichterung des Überschreitens von Grenzen einzelner Länder, dem Wachstum des zollfreien Handels und der Einführung international anerkannter Normen, was zu einer Zunahme des reibungslosen Handels zwischen verschiedenen Märkten führt (gute Beispiele hierfür sind die EU und das Nordamerikanische Freihandelsabkommen NAFTA).

Das Problem mit der Globalisierung besteht darin, dass diese letztlich ausschließlich als Vorteil für größere Unternehmensorganisationen angesehen wird, die in der Lage sind, ihre Prozesse und ihre wirtschaftliche Macht zu optimieren, um ihre Marktposition entsprechend zu maximieren.

Wikipedia definiert Internationalisierung als „den Prozess der zunehmenden Einbindung von Unternehmen in internationale Märkte“. Sie ist eine „entscheidende Strategie nicht nur für Unternehmen, die eine horizontale Integration auf globaler Ebene anstreben, sondern auch für Länder, die die Nachhaltigkeit ihrer Entwicklung in verschiedenen Produktions- und Dienstleistungssektoren anstreben, insbesondere im Hochschulbereich, der ein sehr wichtiger Partner ist und den die Internationalisierung benötigt, um die Kluft zwischen verschiedenen Kulturen und Ländern zu überbrücken.“[10]

Auf den folgenden Seiten gebe ich Ihnen einen detaillierten Einblick über den gesamten Prozess der Internationalisierung, beantworte die Frage, wie man eine Internationalisierungsstrategie entwickelt und umsetzt und was es bedeutet, ein internationales Unternehmen zu führen – einschließlich der positiven und der herausfordernden Aspekte.

Das Beste aus beiden Welten

Die Arbeit in einer internationalen Organisation ist eine völlig andere Erfahrung als in einem rein lokalen Unternehmen. Wer so wie ich auch nur einmal an einer Produktmanagement-Sitzung mit Kollegen aus Japan, den USA, Deutschland, Lateinamerika, China, Australasien und Großbritannien teilgenommen hat, weiß, wovon die Rede ist.

Das Tempo der Sitzung war relativ langsam (nicht jeder hatte Englisch als Muttersprache) und die behandelten Themen äußerst vielfältig – aufgrund der unterschiedlichen Kundenanforderungen, Bedürfnisse, Umgebung, Preisgestaltung und so weiter in der ganzen Welt.

Das Beste daran? Jeder Teilnehmer des Treffens wurde ausschließlich nach seinen Verdiensten und Leistungen beurteilt und nicht nach seiner Herkunft, seiner Ausbildung oder danach, wie gut er beispielsweise sprach. Eine tolle Erfahrung!

Wenn die Arbeit für eine internationale Organisation effektiv umgesetzt und verwaltet wird, ist sie so etwas wie das Beste aus allen Welten. Normalerweise gibt es eine globale Perspektive, eine Vision und eine Marschrichtung – von der Zentrale der Organisation festgelegt (durch das Feedback der lokalen Teams stark beeinflusst), wobei die Umsetzung in der Verantwortung der lokalen Teams liegt.

Hinweis am Rande: Wenn ich in diesem Buch an vielen Stellen von „lokalen Teams“ spreche, handelt es sich dabei aus dem Englischen kommend um „Local Teams“, also die jeweils nationale Organisation. Da diese jedoch sehr unterschiedlich sein kann und sowohl regionale Aspekte als auch Zuständigkeiten umfasst, ist der Begriff „lokales Team“ angebrachter als „nationale Organisation.“

Im Wesentlichen muss die globale Strategie (oder Fahrtrichtung) in Maßnahmen umgesetzt werden, die für die Menschen vor Ort – die lokalen Teams – nachvollziehbar und verständlich sind.

Dabei geht es um weit mehr als nur um die Übersetzung von Websites, Social-Media-Inhalten, Verpackungen, Werbe- und Verkaufsinstrumenten in die jeweilige Landessprache (auch wenn ich natürlich sagen muss, dass dies ebenfalls von entscheidender Bedeutung ist), sondern auch um die Übernahme lokaler Gepflogenheiten und Geschäftspraktiken. Speziell seien hierbei die Berücksichtigung der lokalen Usancen in Bezug auf Zahlungsbedingungen, Rabatte, Präsentations- und Kommunikationsstile erwähnt.

Ziel ist es, ein Umfeld zu schaffen, in dem sich die Kunden vor Ort wertgeschätzt fühlen und ihre individuellen Bedürfnisse berücksichtigt werden, in der das Unternehmen aber auch Skalierungsvorteile nutzen kann (weil es nun in mehreren Ländern präsent ist) und über die besten Ressourcen für Qualität, Logistik, Finanzen, Produktion und so weiter verfügt.

Das Beste aus allen Welten also!

Details sind wichtig

Damit sich der Partner vor Ort wertgeschätzt fühlt, müssen Sie sich natürlich mit den örtlichen Gepflogenheiten vertraut machen, wobei kleine Details an Bedeutung gewinnen.

Zum Beispiel darauf zu warten, dass man Ihnen sagt, wo Sie bei einer Besprechung sitzen, wie Sie eine Visitenkarte überreichen und wem Sie diese zuerst geben – diese kleinen Details können große Auswirkungen auf den Verlauf des Treffens haben.

In einigen asiatischen Kulturen sind Besprechungen der Endpunkt einer langen Verhandlungsphase (manchmal auch als Konsensbildung bekannt), bei der das Ergebnis schon vorher festgelegt wurde, um zu vermeiden, dass einer der Partner während der Besprechung sein Gesicht verliert.

Ich habe es bei Besprechungen mit chinesischen Geschäftspartnern häufig erlebt, dass der chinesische Verhandlungsführer auf unserer Seite mich immer wieder davon abhielt, selbst etwas darzulegen, eine Strategie zu erklären, eine Präsentation zu geben oder zwischendurch auch nur einzugreifen. Manchmal saß ich eine halbe Stunde oder sogar länger einfach nur dabei, lächelte und trank den dargereichten Tee (niemals austrinken, weil sonst unablässig nachgeschenkt wird). Meist geduldig und gelegentlich auch ungeduldig hörte ich zu, wie unser Verhandlungsführer auf Chinesisch erzählte und erzählte, Fragen stellte und beantwortete und weiter parlierte. Schließlich wandte er sich irgendwann einmal an mich und legte mir auf Englisch den Stand der Verhandlungen ausführlich dar. Zu diesem Zeitpunkt war die Verhandlung im Grunde beinahe längst abgeschlossen. Mir fiel nur noch die Aufgabe zu, ein paar nette Worte zu sagen und mich bei allen zu bedanken. Das Verhandlungsergebnis war nicht immer perfekt und häufig ging es nur einen kleinen Schritt voran – aber mehr war in dieser einen Sitzung dann eben nicht zu erreichen. Nach der Verhandlung ist vor der (nächsten) Verhandlung.

Wenn ich „meinen“ chinesischen Partner später fragte, ob ich nicht besser zu Hause bleiben könnte, weil er ohnehin alles alleine und durchaus zufriedenstellend erledige, erklärte er mir, dass nur durch meine Anwesenheit der jeweilige Gesprächserfolg überhaupt zu erzielen gewesen war. Die von mir als Chef der deutschen Delegation ausgestrahlte Autorität gab dem Zusammentreffen die für jedweden Erfolg unabdingbare Bedeutung. Es war nicht wichtig, dass ich etwas sagte, sondern dass ich dabei war.

Das stellt nur eines der vielen Details dar, derer man sich gewahr sein muss, wenn man sich ins internationale Geschäftsleben stürzt.

Gleichgewicht zwischen Zentrale und lokaler Ebene

Die internationale Zusammenarbeit mit all ihren Hindernissen wurde in den letzten Jahren durch die moderne Kommunikationstechnologie enorm erleichtert und vereinfacht, der weit verbreitete Einsatz von Videokonferenzen ist ein Geschenk des Himmels. Dennoch ist es nach wie vor herausfordernd, das perfekte Gleichgewicht zwischen Kontrolle durch die Zentrale und der Umsetzung auf lokaler Ebene zu finden.

Wenn zu viele Befugnisse an die lokalen Teams delegiert werden, verliert die Zentrale möglicherweise die Kontrolle über die strategische Ausrichtung. Bei unzureichender Delegation auf lokaler Ebene verliert man die Sensibilität für den lokalen Markt.

Beide Situationen können katastrophale Folgen für die Organisation und die jeweiligen Interessensvertreter haben.

Um bei dem Beispiel der „chinesischen Verhandlungen“ zu bleiben: Auch wenn ich während der Verhandlungszeit am Tisch „nichts zu sagen“ hatte, oblag es natürlich meiner Verantwortung, das Ergebnis am Ende in die richtigen Bahnen zu lenken.

Hierzu war zu unterscheiden zwischen der taktischen Verhandlung, bei der es am wichtigsten war, dass niemand sein Gesicht verlor, damit die Sache gegebenenfalls in einer nächsten Runde weitergehen konnte. Diesen Teil konnte ich also getrost dem lokalen Verhandler überlassen.

Aber natürlich musste ich ihn jedes Mal vorab intensiv briefen, um zu erklären, worauf ich bzw. die von mir repräsentierte Organisation schlussendlich hinauswollte. Ebenso war vorab ganz genau sein Verhandlungsspielraum zu klären. Die Leitplanken und vor allem das Ziel mussten also von der Zentrale kommen; doch die Details der Durchsetzung waren dem Lokalmatador überlassen. Eine Vorgehensweise, die Sie als Aufsichtsrat oder Beirat beherzigen bzw. „Ihrem" Vorstand oder „Ihrer" Geschäftsführung auf den Weg geben sollten.

Zusammenfassend lässt sich feststellen, dass die Zentrale sicherstellen muss, dass die lokalen Teams – also die ausländischen Organisationen – die Unternehmensstrategie verstehen und umsetzen. Dazu gehört auch, dass die Zentrale die notwendigen Ressourcen und Schulungen zur Verfügung stellt, damit auch im Ausland die Standards des Unternehmens erfüllt werden.

Auf der anderen Seite müssen die ausländischen Teams auch in der Lage sein, ihre lokalen Kenntnisse und Erfahrungen in die Zusammenarbeit mit der Zentrale einzubringen. Eine offene Kommunikation und Zusammenarbeit sind daher von entscheidender Bedeutung.

Eine effektive Zusammenarbeit erfordert auch klare Richtlinien und Prozesse für Entscheidungsfindung, Budgetierung, Berichtswesen und Kommunikation. Einheitliche Standards und

Systeme helfen dabei, eine einheitliche Arbeitsweise und Transparenz zu gewährleisten.

Insgesamt ist eine effektive Zusammenarbeit zwischen der Unternehmenszentrale und ihren ausländischen Organisationen von entscheidender Bedeutung für den Erfolg eines internationalen Unternehmens. Eine offene Kommunikation, klare Richtlinien und Prozesse, sowie eine Kultur des Respekts und der Zusammenarbeit sind dabei von entscheidender Bedeutung.

Warum und wie internationalisieren?

Wenn ich von einem Mandaten die Frage gestellt bekomme „Warum internationalisieren?“, finde ich das eigenartig, denn meine unmittelbare Antwort lautet: „Warum sollten Sie nicht internationalisieren wollen?“ Bitte haben Sie Verständnis dafür, dass ich mein ganzes Berufsleben lang in irgendeiner Form mit internationalen Geschäften zu tun hatte, so dass die Frage aus meiner Sicht ein wenig irrelevant erscheint.

Privat ist es längst üblich, rund um den halben Globus zu jetten, um irgendwo auf der Welt Urlaub zu machen. Viele Europäer empfinden Länder wie Spanien oder Italien kaum noch als Ausland, weil sie einfach schon so oft dort waren. Aber beruflich hat nur ein kleiner Teil mit internationalem Business zu tun.

Viele Menschen, die sehr erfolgreiche Unternehmen führen, beschränken sich bewusst oder unbewusst auf eine bestimmte Produkt- oder Dienstleistungsgruppe oder ein bestimmtes geografisches Gebiet. In einigen Fällen wissen sie vielleicht nicht einmal, dass sie dies tun.

20 Kilometer Umkreis – oder doch mehr?

Ein sehr deutliches Beispiel hierfür ist ein Freund Dave. Er besitzt eine sehr erfolgreiche Gärtnerei und sagt seinen Kunden klar und deutlich, dass er keine neuen Aufträge außerhalb eines Umkreises von 20 Kilometern um seinen Wohnsitz in Erwägung ziehen wird. Ganz gleich, welche Gelegenheit sich ihm bietet, er hat sich eine Grenze gesetzt, über die er buchstäblich nicht hinausschaut – und ist damit, wie gesagt, sehr erfolgreich in seinem Geschäft.

Nun mag man bei einer Gärtnerei noch mit dem Transport und der Frische der Ware für die lokale Begrenzung argumentieren. Doch ein anderer, ebenfalls sehr erfolgreicher, Finanzmakler Frank hat 90 Prozent seiner Kundschaft auch im Radius von etwa 20 Kilometern um sich. Sein Argument: Durch die räumliche Dichte meiner Mandanten werde ich ständig weiterempfohlen, so dass ich kaum Zeit auf Akquise verwenden muss. Erst seit Online-Meetings durch Corona „hoffähig" geworden sind, nimmt Frank übrigens Aufträge, die aus Weiterempfehlungen auch außerhalb seines angestammten Gebiets kommen, an. Über Teams oder Zoom lassen sich räumliche Distanzen bekanntlich beliebig überbrücken. Moderne Technologien spielen in vielfältiger Weise eine Schlüsselrolle, wenn es um räumliche Expansion geht, wie ich in diesem Buch noch zeigen werden.

In den USA gibt es sehr viele Firmen, die zu glauben scheinen, dass es nur in den englischsprachigen Ländern der Welt ein Geschäftsleben gibt, oder noch bemerkenswerter, die meinen, dass die zivilisierte Welt in Nordamerika beginnt und endet. Sie lassen damit unter anderem die rund 100 Millionen deutschsprachigen Europäer völlig außer Acht. Sie haben den wohlhabenden Markt in der EU (immer noch der weltweit größte Handelspartner) völlig übersehen. Nichtsdestotrotz scheinen diese Unternehmen recht akzeptabel zu funktionieren und sind überwiegend profitabel.

Für viele Unternehmen in der Schweiz oder in Österreich stellt Deutschland einen veritablen Auslandsmarkt dar. Die Sprachbarrieren sind leicht überwindbar, die Kunden „ticken" annähernd so ähnlich wie in der Heimat und es fühlt sich kaum wie internationales Geschäft an. Umgekehrt definieren viele deutsche Firmen ihren Markt als den deutschsprachigen Raum und meinen damit Deutschland, Österreich und die Schweiz, die sogenannte DACH-Region. Häufig wird dieser Schritt übrigens gar nicht aktiv unternommen, sondern entsteht aus einer unmittelbaren Kundennachfrage.

Wenn Sie ein neues Mandat als Aufsichtsrat oder Beirat antreten, gehört die Frage, auf welche Länder und Regionen man sich konzentriert oder welche man möglicherweise künftig in Angriff nehmen will, auf jeden Fall auf den Tisch. Nach meiner Erfahrung ist die Begehrlichkeit häufig groß, manchmal gab es in der Vergangenheit auch schon einzelne Versuche, ins Ausland zu expandieren, aber letztendlich überwogen die Bedenken oder es klappte nicht auf Anhieb wie gewünscht.

Fernweh und Neugierde als Motiv

Zurück zu der Frage, die ich aufgrund meiner Erfahrung auf diesem Gebiet häufiger gestellt bekomme und warum ich auch oftmals in Aufsichtsräte oder Beiräte berufen werde: warum internationalisieren?

Der Ausgangspunkt für meine Antwort ist ein wenig philosophisch (ich bitte um Nachsicht). Meiner Erfahrung nach besitzen die meisten Menschen, die an der Führung internationaler Unternehmen beteiligt sind, eine tiefgehend natürliche und unendliche Neugier oder einen Hunger, etwas über das Leben jenseits des eigenen Horizonts zu erfahren. Sie lieben es, ausgiebig zu reisen und wollen intuitiv mehr über andere Kulturen in Bezug auf Sprachen, Arbeitsweisen, Arbeitspraktiken, Marktdynamik, Technologie, Entscheidungsfindung, Systeme und Infrastruktur sowie Geschäftsgepflogenheiten und -prozesse erfahren.

Um ehrlich zu sein, ohne diese grundlegende Leidenschaft, mehr über das Leben jenseits des eigenen Horizonts zu erfahren, wird es schwierig, ein Unternehmen international aufzubauen.

In ihrer Rolle als Aufsichtsrat oder Beirat sollten Sie daher einen kritisch-prüfenden Blick auf den Vorstand bzw. die Geschäftsführung werfen: Herrscht dort eine gewisse Internationalität oder eher nicht? Diskutieren Sie mit „Ihrem Chef" doch einmal über Urlaubsziele; erzählen Sie, wohin es Sie zieht und fragen Sie ihn, wohin er gerne reist. Die Antwort mag einen Indikator geben, wie angeraten oder auch nicht eine internationale Expansion ist.

Für mich ist der wichtigste philosophische Grund die Neugier auf das Unbekannte und die Sehnsucht, mehr zu lernen. Wahrscheinlich ist das nicht der Grund, den Sie erwartet haben, und ich bin sicher, dass dies von den meisten Lesern nicht als Hauptgrund genannt wird. Um keine Missverständnisse aufkommen zu lassen: Natürlich reicht Fernweh nicht aus, um geschäftlich international zu expandieren. Aber ohne Freude am Fremden wird es schwieriger.

Gründe für eine internationale Expansion

Aus kommerzieller Sicht sind die Gründe für eine internationale Expansion überzeugend. Die wichtigsten Argumente, die meines Erachtens dafür sprechen, sind folgende:

- Verringerung des Geschäftsrisikos (nicht mehr „alles auf eine Karte setzen"), das heißt, man ist nicht mehr von einem einzigen Markt abhängig.

- Skalierung und Nutzung von Marktanteilen bzw. Volumen. Mit dem zusätzlichen Absatzvolumen aus den neuen Märkten kann „Ihre" Firma die Skaleneffekte in der Produktion maximieren oder zusätzliche Rabatte bei ihren Lieferanten für Rohstoffe und so weiter nutzen.

- Sie erhalten einen besseren Einblick in die Aktivitäten der Konkurrenten außerhalb des Heimatmarktes, was bedeutet, dass Sie bzw. „Ihre“ Firma besser als bisher in der Lage sind, Marktveränderungen zu antizipieren.

- Die Teams des Unternehmens, in dem Sie als Aufsichtsrat oder Beirat engagiert sind, erweitern automatisch ihren Erfahrungsschatz, was zu einer Bereicherung in der Belegschaft führt und neue Möglichkeiten eröffnen kann, die zuvor nicht zur Verfügung gestanden hätten.

- Der Zugang zu anderen Märkten bietet auch die Möglichkeit, zu diversifizieren, mit positiven Auswirkungen auf den Heimatmarkt.

- Sie können einem Markt gegenüber einem anderen den Vorzug geben – wenn die lokalen Preise in einem Markt bedeuten, dass Ihre Gewinnspannen erodieren, können Sie Geschäfte und Ressourcen in einen anderen, profitableren Markt verlagern.

Stellen Sie also sich bzw. „Ihrem“ Vorstand oder „Ihrer“ Geschäftsführung die Frage: Warum sollten Sie sich also auf Ihren Heimatmarkt oder, wie in Davids oder Franks Fall, auf eine 20-Kilometer-Grenze beschränken, wenn Ihnen „die Welt zu Füßen liegt“? Durch den Einsatz moderner Kommunikationsmittel (wie Zoom, MS Teams, LinkedIn, Twitter, E-Mail, WhatsApp, Skype und so weiter) war es noch nie so einfach und günstig wie heutzutage, in Kontakt zu bleiben und zu kommunizieren.

Allerdings sollte eine Erweiterung des Geschäftstätigkeit nicht „einfach so“ erfolgen, sondern besser einem internationalen Expansionskonzept folgen, das zuvor zu erstellen ist. Unabhängig davon, „wo der Chef Urlaub macht“, sollte man hierzu Experten heranziehen.

Expansion ist Chefsache – aber nicht nur

Es versteht sich, dass eine solche Entscheidung von jedem Unternehmen sorgfältig überlegt und geplant werden muss, und zwar nicht nur in finanzieller Hinsicht, sondern auch in Bezug auf die personellen Ressourcen. Das „Projekt Internationalisierung“ sollte nicht als kurzfristige Maßnahme betrachtet werden, sondern vielmehr als langfristiges Engagement für den Aufbau eines internationalen Konzerns. Ja, Sie haben richtig gelesen. Ein Mittelständler, der sich ins Ausland wagt (außerhalb der DACH-Region), sollte sich als „kleinen Konzern“ betrachten. Immerhin sind häufig Auslandsgesellschaften zu gründen, Verrechnungseinheiten festzulegen und weitere Maßnahmen zu ergreifen, die „eigentlich“ einem Konzern zuzuordnen sind.

Lassen Sie sich von dem Wort „Konzern“ dabei nicht abschrecken; es gibt viele „Familienkonzerne“, die sich weiterhin „wie Familie anfühlen“, aber dennoch über Ländergrenzen hinweg tätig sind. Einer meiner Beratungsmandanten ist ein niederländischer Baukonzern, der von drei Geschwistern geführt wird und in Deutschland recht erfolgreich ist. Für eine niederländische Firma bietet sich die Expansion nach Deutschland geradezu an, weil die Sprachbarrieren gering sind (viele Niederländer sprechen mehr oder minder gut deutsch) und der deutsche Markt deutlich größer als der Heimatmarkt ist.

Für jede Expansion gilt: Sie ist zwar Chefsache, aber es reicht keineswegs, wenn nur „der Chef“ die Sache vorantreibt. Vielmehr sollte das Führungsteam involviert und darauf vorbereitet sein, in den ersten Jahren in einem neuen Markt Verluste zu schreiben. Eine langfristige Vision und Entschlossenheit, die von der Spitze des Unternehmens ausgehen muss, sind erforderlich. Das sollten Sie „Ihrem" Vorstand bzw. „Ihrer" Geschäftsführung auf den Weg geben – und dabei gleich die nachfolgenden Tipps einfließen lassen.

Es ist sehr wahrscheinlich, dass die Konkurrenten nicht untätig dagesessen und nur darauf gewartet haben, dass Ihre Firma in ihren Markt eintritt. Sie werden aktiv gewesen sein und sich höchstwahrscheinlich einen treuen Kundenstamm aufgebaut haben. Daher müssen Sie sich Aktivitäten ausdenken, die Kunden von deren bisherigen Lieferanten abzuwerben und auf diese Weise mehr oder minder rasch sicherstellen, dass Sie Ihren Marktanteil im Laufe der Zeit vergrößern.

Sie müssen Ihre Marketingbotschaften sorgfältig ausarbeiten (unter Berücksichtigung der lokalen Gegebenheiten), Ihre Alleinstellungsmerkmale verfeinern und wahrscheinlich mehr in Kommunikation und Werbung investieren als die bereits etablierten Wettbewerber. Bringen Sie alle nachfolgend genannten Punkte in Ihrem Aufsichtsrat oder Beirat deutlich zur Sprache.

Schlüsselfaktoren für den Gang ins Ausland

Einige der wichtigsten Faktoren bei einer internationalen Expansion sind:

- Marktforschung: Eine gründliche Analyse des Zielmarkts ist entscheidend, um dessen Potenzial, Wettbewerber, Kundenbedürfnisse und regulatorische Anforderungen zu verstehen. Dies hilft, den Markt besser einzuschätzen und eine geeignete Markteintrittsstrategie zu entwickeln.

- Kulturelle Unterschiede: Unternehmen müssen kulturelle Unterschiede zwischen Deutschland und dem Zielland berücksichtigen, um effektive Kommunikation und Arbeitsbeziehungen zu gewährleisten. Dabei sind Faktoren wie Sprache, Geschäftspraktiken, soziale Normen und Verhaltensweisen zu berücksichtigen.

- Rechtliche und regulatorische Anforderungen: Die Einhaltung von Gesetzen, Vorschriften und Regeln im Zielland ist entscheidend. Unternehmen sollten sich über Steuergesetze, Arbeitsgesetze, Import-/Exportbestimmungen und andere länderspezifische Vorschriften informieren.

- Logistik und Lieferkette: Bei einer Expansion ins Ausland ist es wichtig, die Lieferkette und Logistikprozesse zu optimieren, um Lieferengpässe und zusätzliche Kosten zu vermeiden.

- Finanzierung und Risikomanagement: Unternehmen sollten die Kosten der Expansion, die Verfügbarkeit von Finanzierungsmöglichkeiten und das Währungsrisiko berücksichtigen. Eine sorgfältige Finanzplanung und Risikomanagement sind entscheidend für den Erfolg der Expansion.

- Lokale Partnerschaften: Die Zusammenarbeit mit lokalen Partnern kann den Markteintritt erleichtern und wertvolle Einblicke in den Zielmarkt bieten. Partner können bei der Navigation durch rechtliche und regulatorische Anforderungen helfen und lokale Geschäftsbeziehungen aufbauen.

- Personal: Die Rekrutierung und Bindung qualifizierter Mitarbeiter ist entscheidend für den Erfolg im Ausland. Unternehmen müssen entscheiden, ob sie lokale Arbeitskräfte einstellen oder Mitarbeiter aus Deutschland entsenden möchten.

- Marketing und Vertrieb: Eine effektive Marketingstrategie, die auf den Zielmarkt zugeschnitten ist, ist notwendig, um das Produkt oder die Dienstleistung erfolgreich zu verkaufen. Dazu gehört auch die Wahl der richtigen Vertriebskanäle, um die Kundenreichweite zu maximieren.

- Anpassungsfähigkeit: Unternehmen müssen in der Lage sein, sich an Änderungen in der Geschäftsumgebung, politischen Rahmenbedingungen und Marktbedingungen anzupassen. Flexibilität und Anpassungsfähigkeit sind entscheidend für den Erfolg im Ausland.

In Ihrer Rolle als Aufsichtsrat oder Beirat sollten Sie darauf bestehen, dass alle diese Punkte – die im vorliegenden Buch noch ausführlichere Darstellungen erfahren – diskutiert und abgehakt werden, bevor es ins Ausland geht. Sie müssen den neuen Markt sorgfältig prüfen, seine Dynamik verstehen und Ihren Expansionsplan entsprechend anpassen.

Partner vor Ort finden

Einer der Schlüsselfaktoren für den Erfolg liegt darin, die richtigen lokalen Partner zu finden, die „Ihrem" Unternehmen beim Markteintritt helfen. Das lässt sich viel leichter schreiben, als es in der Praxis gelingt. Dieser Punkt ist jedoch entscheidend für den Erfolg des gesamten Vorhabens. Aus offensichtlichen Gründen ist es hilfreich, wenn Sie bereits Erfahrungen mit zuverlässigen Partnern gemacht haben, und wir empfehlen Ihnen nachdrücklich, Ihr Netzwerk zu nutzen, um Partner zu finden, die Ihre unternehmerischen Grundwerte teilen und zuverlässig und vertrauenswürdig sind. Auf diesem Gebiet können Sie als Aufsichtsrat oder Beirat möglicherweise „Ihre Muskeln spielen" lassen, sprich: Ihr über Jahre hinweg aufgebautes Netzwerk geschickt einsetzen.

Ein internationales Netzwerk, wie ich es durch meine Mitgliedschaft im Diplomatic Council, dessen Verlag das vorliegende Buch herausgibt, gefunden habe, ist dabei überaus hilfreich. Dieses beschreibt sich als „Netzwerk des Vertrauens" – und genau darum geht es: um Vertrauen.[11] Wenn Sie sich in einen Markt begeben, dessen Gepflogenheiten Sie nicht kennen und dessen Sprache Sie nicht sprechen, müssen Sie jemanden vor Ort finden, dem Sie vertrauen. Aber: Über dem Vertrauen darf man natürlich die Kontrolle nicht vergessen. Das „uralte Spiel von Vertrauen und Kontrolle" ist bei einer internationalen Expansion geradezu die Königsdisziplin.

Wenn die Vorbereitung darauf hindeutet, dass die Produkte und/oder Dienstleistungen „Ihrer" Firma auf einem neuen Markt benötigt werden, wenn „Ihr" Unternehmen" in der Lage ist, einen langfristigen Ansatz zu verfolgen (in den ersten Jahren sogar Verluste zu machen), seinen Marketingplan an das lokale Umfeld anzupassen und Vertrauen in einen zuverlässigen lokalen Partner gefunden hat, dann kann es losgehen. Erst dann ist die Grundlage geschaffen für eine Expansion, die dem Unternehmen langfristige Rentabilität und Wachstum bringt und ihm zugleich weitere Stabilität verleiht. Willkommen im Club-:)!

Unbeabsichtigte Folgen

Das internationale Wachstum des Unternehmens, für das Sie als Aufsichtsrat oder Beirat Mitverantwortung tragen, ist mit dem Eingehen finanzieller Risiken, dem Eintritt in das Unbekannte, der Zusammenarbeit mit Menschen, deren Kultur und Sprache sich möglicherweise völlig von der Ihren unterscheidet, der Suche nach bzw. der Zusammenarbeit mit neuen Partnern und vielen weiteren Unwägbarkeiten verbunden. Warum also das Ganze?

Nun, wie bereits erwähnt, sollten Sie bzw. „Ihr" Vorstand bzw. „Ihre" Geschäftsführung neugierig sein, um das neue Unternehmen zum Erfolg zu führen. Zudem sollten alle Beteiligten verstehen, dass es in den ersten Jahren schwierig sein könnte, auf dem neuen Markt Gewinne zu erzielen.

Langfristig können die Vorteile indes darin bestehen, dass das Unternehmen insgesamt stabiler wird (das Geschäftsrisiko wird über mehrere Märkte hinweg abgedeckt) und dass die Firma von ihren Lieferanten bessere Konditionen erhält (durch das größere Einkaufsvolumen).

Weniger offensichtliche Folgen

Im Folgenden möchte ich auf einige der weniger offensichtlichen Folgen für ein Unternehmen beim Aufbau eines internationalen Geschäfts eingehen, von denen ich in der Praxis festgestellt habe, dass sie allzu häufig übersehen oder nicht für voll genommen werden. Tatsächlich sind diese Faktoren für den Erfolg auf dem internationalen Parkett entscheidend.

Zu diesen Aspekten, die häufig erst (zu) spät gesehen oder gelegentlich sogar übersehen werden, gehören:

Finanzen: Auf dem neuen Markt kann es üblich sein, dass die Zahlungsbedingungen ganz anders sind als auf Ihrem Heimatmarkt. Wie ist damit umzugehen?

Möglicherweise ist es üblich, dass Ihre neuen Kunden erst 120 Tagen nach Erhalt der Waren/Dienstleistungen zahlen, aber dafür die Preise höher sind als in den Märkten, in denen eine Zahlung innerhalb von 30 Tagen üblich ist. Daher müssen Sie Ihre Preise und Konditionen sorgfältig durchdenken, auch wenn die unterschiedlichen Wechselkurse bereits berücksichtigt sind.

Marketing: Höchstwahrscheinlich werden Sie Ihre Marketingsprache und -botschaften anpassen müssen. Ich kenne ein Unternehmen, das einen neuen globalen Slogan mit der Formulierung „keine Kompromisse“ als Kernelement entworfen hatte. Bei einer Produkteinführung im Ausland stellte diese Firma später fest, dass sie sich geirrt hatte, weil ihre eigenen Kollegen sie darüber informierten, dass „no compromise“ in einer anderen Sprache so viel wie „could not care less“ also „Kein Interesse“ bedeutet. Kein guter Start!

Vertrieb: Möglicherweise müssen Sie sich an die unterschiedlichen Kundenkanäle anpassen. In FMCG-Branchen („fast moving consumer goods“, „schnelldrehende Konsumgüter“) ist es beispielsweise sehr üblich, die großen Einzelhändler und E-Commerce-Plattformen in den USA direkt (oder über Vertretungsgruppen) anzusprechen. Aber in Europa, Lateinamerika, dem Nahen Osten und Afrika ist der Einsatz lokaler Vertriebshändler oder in einigen Fällen ein eigenes Team, das den Einzelhandel direkt anspricht, angemessener.

Vertriebsunterstützung: Sicherlich ist es „Ihr“ Unternehmen gewohnt, seinen eigenen Kunden Betreuungsprogramme im Haus anzubieten. Aber ist es auch in der Lage, kostengünstig ein neues Betreuungsteam aufzubauen, das die Sprache spricht und die Kultur Ihrer neuen Kunden versteht?

Außerdem muss dieses neue Team die Arbeitszeiten und -tage des neuen Marktes widerspiegeln, der möglicherweise andere Feiertage und/oder andere Anfangs- und Endzeiten für einen Geschäftstag aufweist als der Heimatmarkt. Häufig ist es in der ersten Zeit einfach besser, die Unterstützung eines lokalen Vertriebspartners in Anspruch zu nehmen. Sie müssen jedoch sicherstellen, dass die entsprechenden Schulungsprogramme vorhanden sind und Ihre Qualitätsstandards eingehalten werden.

„Ihr“ Unternehmen ist wesentlich komplexer

In Anbetracht der bisherigen Ausführungen ist „Ihr“ Unternehmen wesentlich komplexer als zuvor, da es nun bei seinen Richtlinien und Programmen mehrere Marktplätze, Kanäle, Sprachen und Kulturen berücksichtigen muss.

Eine wichtige, möglicherweise unvorhergesehene Folge dieses internationalen Weges ist, dass sich alle Beteiligten im Unternehmen auf die neuen Herausforderungen einstellen und diese adaptieren müssen. Dies kann interne und externe Schulungen beinhalten, die Inanspruchnahme von externen Beratern, speziell in den Bereichen Versand, Logistik und Finanzen. Wahrscheinlich muss „Ihr“ Vorstand bzw. „Ihre“ Geschäftsführung auch neue Beziehungen zu Lieferanten und Kunden aufbauen – all dies und noch mehr.

Letztlich wird der Prozess der Internationalisierung eine Herausforderung für die Teams darstellen, und diejenigen, die sich dieser Herausforderung stellen, sind in der Tat die zukünftigen Stars in und für das Unternehmen. Die Führungsebene ist häufig überrascht, wer sich dieser neuen Herausforderung stellt.

Vision und Auftrag

Das Konzept, dass eine Firma eine relevante, verständliche und klar definierte Vision und Mission braucht, ist nicht neu, egal ob es sich um ein lokales oder um ein internationales Unternehmen handelt.

Wenn Sie jedoch sicherstellen wollen, dass die Vision und das Leitbild angesichts einer neuen internationalen Wachstumsstrategie auf dem neuesten Stand ist, sollten Sie sorgfältig darauf achten, dass Ihre Pläne auch weiterhin für alle Beteiligten verständlich sind. Für Sie als Aufsichtsrat oder Beirat ergibt sich daraus die klare Empfehlung: Jeder Blick in Richtung Internationalisierung ist ein guter Anlass, die unternehmerische Vision – das Leitbild des Unternehmens – unter die Lupe zu nehmen und zu prüfen, ob es noch zeitgemäß und zukunftsorientiert ist.

Wie man es nicht machen sollte, hat das Bundesland Baden-Württemberg 2022 „eindrucksvoll“ demonstriert. Mit viel Aufwand hob die Landesregierung den Slogan „The Länd“ aus der Taufe. Viele Deutsche – aber nicht alle – verstehen dies, weil sie wissen, dass Baden-Württemberg gelegentlich in der Umgangssprache auch als „Ländle“ bezeichnet wird. Doch die Landesregierung wollte mit „The Länd“ vor allem Fachkräfte aus dem Ausland dazu motivieren, sich um einen Arbeitsplatz in Baden-Württemberg zu bemühen. Das ging gründlich schief: Welcher Brite oder Inder denkt schon an Baden-Württemberg, wenn er irgendwo in London oder Mumbai ein Plakat mit dem Slogan „The Länd“ entdeckt?[12] Betrachten Sie es als Aufsichtsrat oder Beirat als einer Ihrer vornehmsten Pflichten, „Ihr“ Unternehmen vor solchen fatalen Irrungen zu bewahren.

„Was machen wir hier eigentlich?“

Im Laufe der Jahre wurde ich mehr als einmal von Mitarbeitern großer internationaler Unternehmen gefragt: „Was machen wir hier eigentlich?“. Daraufhin erwiderte ich: „Wie meinen Sie das?“, woraufhin derselbe Mitarbeiter mehr oder minder wortwörtlich antwortete: „Ich habe keine Ahnung, was wir verkaufen, warum die Kunden bei uns kaufen oder wer unsere Kunden überhaupt sind.“

Wer schon einmal bei einem großen Münchener Technologiekonzern, der keine Autos herstellt, an internationalen Fachkonferenzen teilgenommen hat, erfährt ähnliche Schlüsselerlebnisse zu späterer Stunde an der Hotelbar.

Dies ist ein absolutes „No Go“, ein „rotes Tuch“, ein Warnsignal, dass die Vision und der Auftrag nicht nur nicht verstanden werden, sondern häufig nicht einmal bekannt sind. Das sind keine Einzelfälle – es kommt nur selten ans Tageslicht, denn wer will schon in einen Meeting oder bei seinem Chef nachfragen, worum es bei seinem Arbeitgeber eigentlich geht?

Schriftlich festhalten

Es ist von entscheidender Bedeutung, dass jedes Unternehmen die folgenden Punkte schriftlich festhält und sie bei jeder möglichen Gelegenheit allen Beteiligten mitteilt:

- Was ist der Zweck des Unternehmens (welches Problem lösen wir)?
- Wohin wollen wir gehen (das „gelobte Land“)?
- Was wollen wir sein (unser Anspruch)?

- Wie unterscheiden wir uns von der Konkurrenz (was ist unser Alleinstellungsmerkmal und was werden wir besser machen)?

- Wie wollen wir das „gelobte Land“ erreichen (die Reise und die Fahrtrichtung)?

- Welche Werkzeuge brauchen wir und welche Fähigkeiten haben wir?

Nachdem diese Punkte definiert sind, ist es wichtig, zu verstehen, dass sich diese aufgrund von Rahmenbedingungen im Laufe der Zeit ändern werden, und daher regelmäßig überprüft und aktualisiert werden müssen.

Wenn Sie als Aufsichtsrat oder Beirat ein neues Mandat annehmen, hinterfragen Sie alle genannten Punkte. Und wenn eine Internationalisierung ansteht, stellen Sie einmal mehr sicher, dass „Ihr“ Vorstand bzw. „Ihre“ Geschäftsführung diese Aspekte klar und deutlich an die Belegschaft kommuniziert.

Eine klare Vision und ein klarer Auftrag bilden die Grundlage für jedes erfolgreiche Unternehmen – nicht nur, aber auch bei der Internationalisierung.

Sprechen Sie in Ihrer Rolle als Aufsichtsrat oder Beirat die klare Empfehlung aus, die Mission und Vision in alle Präsentationsunterlagen (sowohl intern als auch extern) aufzunehmen, und dafür zu sorgen, dass sie in den Büros, Lagern und Produktionsstätten des Unternehmens sichtbar sind.

Jede einzelne Person im Unternehmen muss die Vision und den Auftrag des Unternehmens kennen und vor allem verstehen.

Ebenfalls wichtig: Nachdem die Entscheidung gefallen ist, international tätig zu werden, empfiehlt es sich, dies allen Mitarbeitern des Unternehmens mitzuteilen. Die Unternehmensspitze sollte erklären, wo sich die Firma derzeit befindet und wohin die Reise geht – bei der Internationalisierung im wortwörtlichen Sinne.

Pluspunkte für die Beschäftigten

Es ist sehr wichtig, allen Beteiligten darzulegen, warum der Schritt ins Ausland erfolgt, welche Chancen damit verbunden sind, aber auch, welche Hürden es dabei zu überwinden gilt. Es versteht sich, dass dabei weniger die Vorteile für die Chefetage und die Anteilseigener im Vordergrund stehen als vielmehr die Pluspunkte für die Beschäftigten: Sicherung der Arbeitsplätze im Inland, neue Karrierechancen, Stärkung des Unternehmens. Geben Sie dabei als Aufsichtsrat bzw. Beirat dem Vorstand bzw. der Geschäftsführung den Gedanken mit auf den Weg, dass eine internationale Expansion bei Mitarbeitern zahlreiche Ängste auslösen kann, etwa vor der Verlagerung des eigenen Arbeitsplatzes ins Ausland.

Je klarer diese Aspekte von Seiten der Unternehmensleitung kommuniziert werden, desto geringer ist die Unsicherheit und desto größer ist der Wille, an der Aufgabe der Internationalisierung mitzuarbeiten.

Führungsqualitäten

Es gibt zahllose Selbsthilfebücher, die sich ausschließlich mit dem Thema Führung und den damit verbundenen erforderlichen Qualitäten befassen. Das soll im vorliegenden Buch weder wiederholt noch ersetzt werden. Stattdessen möchte ich mich auf diejenigen Managementqualitäten konzentrieren, die insbesondere für die Führung eines internationalen Unternehmens erforderlich sind.

Führungsqualität kommt von innen

Erstens hat mich meine Erfahrung zu der Ansicht gebracht, dass die Qualitäten, die für eine effektive Führung erforderlich sind, von innen kommen. Mit anderen Worten: Man muss in der Lage sein, sich selbst effektiv zu führen, bevor man von sich erwarten kann, andere zu führen. Diese wichtige Lektion lernte ich wie viele andere auch nicht etwa nur in den Grundkursen für Management und Leadership, sondern vor allem in der Praxis und in den Situationen des wirklichen Lebens.

Zweitens sollten Sie darauf achten, dass sich der Vorstand bzw. die Geschäftsführung nicht nur durch analytisches und strategisches Denken auszeichnet, sondern auch durch eine hervorragende Kommunikation. Wenn es diesbezüglich Defizite gibt, ist es ratsam, diese zu beheben, bevor man auf internationale Expansionstour geht. Eigenschaften wie Integrität, Ehrlichkeit, Fairness, Einfühlungsvermögen, Aufgeschlossenheit und die Fähigkeit, anderen zuzuhören und deren Standpunkte zu akzeptieren, müssen aus der Chefetage heraus in die Belegschaft hinein kommuniziert werden – sowieso und immer schon, aber eben besonders klar und deutlich im Zuge einer Internationalisierung.

Die Mitarbeiter müssen spüren, dass die Chefetage nicht nur an sich selbst denkt (das unterstellt man ohnehin), sondern alle einbezieht. Es gilt das uralte Sprichwort „Behandle andere so, wie du selbst behandelt werden möchtest“. Es geht bei der Führung darum, die Vision, das Ziel, die Fahrtrichtung, die Grenzen und den Rahmen (was ist akzeptabel und was nicht) und natürlich die vereinbarte Strategie zu vermitteln.

Bei einem internationalen Unternehmen wird die Führung naturgemäß komplexer. In vielerlei Hinsicht muss man sich bei der Umsetzung der Gesamtziele und -vorgaben des Unternehmens vom jeweils lokalen Team vor Ort in Bezug auf die dort richtige Strategie leiten lassen. Dafür hat die Firma schließlich die Mitarbeiter vor Ort eingestellt.

Neue Denkweise für internationale Teams

Meiner Erfahrung nach erfordert die Führung internationaler Teams eine völlig andere Denkweise als die Leitung eines lokalen Unternehmens. Als Aufsichtsrat und Beirat sollten Sie „Ihre“ Chefetage daraufhin überprüfen, ob diese über diese erforderliche „internationale Denke“ verfügt. Hier die Tipps für den Vorstand bzw. die Geschäftsführung, die Sie in Ihrer Beratungsfunktion ruhig weitergeben sollten:

Erstens müssen Sie gegenseitiges Vertrauen zwischen Ihnen und den lokalen Teams aufbauen. Ich empfehle Ihnen, Zeit zu investieren, um Ihr internationales Team kennenzulernen. Dies kann realistischerweise nur erreicht werden, wenn Sie vor Ort sind und Zeit mit ihnen verbringen (ich nenne das „Managing by Turning up“).

Sie werden sowohl beruflich als auch privat Zeit mit Ihrem Team verbringen müssen. Gehen Sie mit ihnen essen, lernen Sie ihr Privatleben kennen, erfahren Sie, wie die Leute ticken. Das ist wichtig, denn in der Realität wird Ihr lokales Managementteam das Geschäft für Sie führen – und zwar die meiste Zeit, während Sie nicht vor Ort sind. Das lokale Team muss befähigt werden, aber gleichzeitig müssen Sie auch weiterhin aktiv beteiligt sein.

Vertrauen ist von entscheidender Bedeutung, denn wenn etwas schiefläuft, wollen Sie die wahre Situation verstehen und in der Lage sein, eine entsprechende Korrektur vorzunehmen.

Es gibt Horrorgeschichten von Organisationen, in denen die ausländische Einheit nicht in der Lage war, eine schwierige Situation zu melden, weil die Unternehmenskultur Versagen oder Fehler nicht zuließ. Daher wurde das Problem nicht gemeldet oder, schlimmer noch, vertuscht – mit den unvermeidlichen Folgen.

Zweitens ist es nach meiner Erfahrung bei größeren Problemen fast immer besser, wenn Sie persönlich vor Ort sind und mit den betroffenen Personen sprechen, und zwar persönlich und nicht per Videokonferenz, Telefon oder E-Mail.

Der Hauptgrund ist, dass ein persönliches Treffen jedes potenzielle Risiko von Missverständnissen minimiert. Mit dem Vertrauen und dem Wissen, das Sie aufgebaut haben, werden Sie in der Lage sein, zu beurteilen, ob das Problem durch das Vorgehen behoben werden kann oder ob ein anderer Ansatz erforderlich ist.

Wohlgemerkt: Es geht nicht darum, dass ein Vorstand oder ein Mitglied der Geschäftsführung bei jeder Kleinigkeit rund um den

Erdball jettet, um irgendwo auf der Welt ein Problem zu lösen. Sondern es kommt darauf an, ein Vertrauensverhältnis mit dem lokalen Management aufzubauen – natürlich kein blindes Vertrauen, sondern ein auf Reporting und nachvollziehbaren Entscheidungen basierendes Arbeitsverhältnis. Ist diese Basis geschaffen, lassen sich viele Probleme und Chancen per Videokonferenz besprechen.

Kommunikation ist der Schlüssel

Effektive Kommunikation ist in jedem Fall der Schlüssel zur Führung eines internationalen Unternehmens. Je nach Organisation empfehle ich Folgendes:

- wöchentliche Videokonferenzen mit dem lokalen Führungsteam,
- monatliche persönliche Treffen mit formeller Berichterstattung an das Team in der Zentrale (Headquarter),
- vierteljährliche Besprechungen, bei denen das Führungsteam der Zentrale die Fortschritte gegenüber dem Plan für das lokale Geschäft formell überprüft und sich mit Kunden und Lieferanten trifft.

Gehen Sie als Aufsichtsrat bzw. Beirat diese Kommunikationsstrukturen mit „Ihrem“ Vorstand bzw. „Ihrer“ Geschäftsführung durch.

Für das reibungslose Funktionieren des Unternehmens ist es wichtig, dass die Schlüsselelemente der in der Zentrale aufgebauten Kultur auch vor Ort umgesetzt werden.

Die südafrikanische Tochtergesellschaft eines in Europa ansässigen Unternehmens sollte beispielsweise die gleichen Werte wie die Hauptniederlassung haben. Das mag für Sie offensichtlich sein, aber die Umsetzung kann sich schwierig gestalten, vor allem, wenn Sie im südafrikanischen Unternehmen Interessensgruppen mit unterschiedlichem Hintergrund haben, die Ihren Bestrebungen effektiv zuwiderlaufen.

In solchen Situationen sollten Sie immer erklären, dass Sie ein internationales Unternehmen führen und erwarten, dass die internationalen Normen eingehalten werden und nicht (nur) die lokalen.

Für mich war es im Berufsleben immer völlig normal, ein Unternehmen zu führen, bei dem Fernarbeit – Arbeit von zu Hause (Work from Home, WFH) – eine Selbstverständlichkeit war (schon vor der Covid-Pandemie), und bei dem die Zielerreichung Vorrang hatte, unabhängig von der aufzuwendenden Zeit.

Folglich bestand eine der Hauptprioritäten darin, die Person mit den besten Fähigkeiten und Erfahrungen für die Stelle zu finden, unabhängig von Land und Wohnort. Wenn sich beispielsweise Ihr Hauptsitz in Frankfurt befindet und eine Ihrer Anforderungen darin besteht, dass die Person in einem Umkreis von 20 Kilometern um die Stadt wohnt, dann schränken Sie natürlich die Auswahl der Bewerber ein und verwässern die kulturelle Dynamik (mehr dazu weiter hinten in diesem Buch).

Vor einigen Jahren, als ich in einem früheren Unternehmen in ein externes Büro umzog, fragte ein Kollege, ob er weniger als die übliche einstündige Mittagspause einlegen und seinen Arbeitstag etwas früher beenden könne. Die Antwort war einfach: „Solange Sie Ihre Aufgaben zufriedenstellend erledigen, stört es mich nicht, wenn Sie etwas früher fertig werden.“

In demselben Unternehmen gab es einen Vertriebskollegen, der, wenn er nicht gerade Kunden besuchte, gezwungen war, täglich 250 Kilometer (hin und zurück) von seinem Heimbüro zum Hauptsitz zu fahren, damit sein Chef sehen konnte, wie er „seine E-Mails beantwortete“. Sie können sich vorstellen, wie schnell diese Regelung geändert wurde.

Vertrauen ist ein zweiseitiger Prozess, und er beginnt damit, dass man den Menschen, die man eingestellt hat, vertraut, dass sie ihre Aufgaben erfüllen. Sie finden schnell heraus, wenn sie nicht leistungsfähig sind, und sie müssen sich entweder verbessern, ihre Rolle wechseln oder das Unternehmen verlassen.

Umgang mit Vielfalt

Wie bereits erwähnt, müssen Sie, wenn Sie ein Unternehmen auf internationaler Ebene aufbauen wollen, von Anfang an eine tief verwurzelte Neugier und ein Interesse für Menschen aus anderen Kulturen mitbringen. Natürlich nicht zwangsläufig Sie als Aufsichtsrat oder Beirat, aber im Vorstand bzw. in der Geschäftsführung sollte dieses „internationale Flair" zu finden sind.

Kulturen, Sprache, Religion, Bildung, soziale Schicht

Vielfalt bedeutet verschiedenartige Kulturen, Sprachen und Religionen, aber auch beispielsweise Bildungsniveaus und soziale Schichten. Wer international Geschäfte machen will, darf diese Vielfalt nicht scheuen. Eine vielfältige Unternehmenskultur zu schaffen und, was noch wichtiger ist, sie effektiv zu gestalten, ist schwieriger, als es auf den ersten Blick scheint, aber die Vorteile überwiegen bei weitem das potenziell komplexere Umfeld.

Der Aufbau eines Unternehmens, das sich durch Vielfalt auszeichnet, bedeutet im Wesentlichen, die besten Mitarbeiter für die jeweilige Aufgabe einzustellen, unabhängig von anderen Faktoren. Wenn Ihr Unternehmen beispielsweise in Frankfurt am Main angesiedelt ist, liegt es auf der Hand, dass die besten Mitarbeiter für die jeweilige Aufgabe wahrscheinlich nicht alle Deutsche sind, die in einem Umkreis von 20 Kilometern um die Stadt leben (vielleicht haben Sie Glück, aber es ist logischerweise unwahrscheinlich, dass die besten Mitarbeiter für alle Aufgaben zufällig in der Nähe Ihres Büros wohnen).

Vielfalt bedeutet, dass Sie eine Vielzahl von Ansichten, Meinungen und Ideen in Ihrem Team haben werden, sozusagen ein „Sammelsurium“ an Talenten, und natürlich kann es eine größere Herausforderung sein, diese verschiedenen Ansichten in eine bestimmte Richtung zu lenken, nämlich in Richtung der Unternehmensziele.

Nehmen Sie die Analogie mit dem Essen: Der Aufbau und die Entwicklung eines vielfältigen Teams ist so, als würde man alle möglichen interessanten Speisen aus der ganzen Welt essen, anstatt immer nur das gleiche, fade Menü aus dem örtlichen Restaurant. Nach einer Weile wird das Essen von der gleichen Speisekarte langweilig und uninteressant.

Nun ist es manchmal nicht einfach, eine vielfältige Gruppe zu leiten. Zum Beispiel bevorzugen die meisten Unternehmen Englisch als „Unternehmenssprache“, und es liegt auf der Hand, dass gute Englischkenntnisse unerlässlich sind. Es ist jedoch unwahrscheinlich, dass jeder in Ihrem Team ein perfektes Englisch beherrscht, und daher ist bei der Vermittlung von Schlüsselbotschaften besondere Sorgfalt geboten.

Ein wichtiger Tipp ist, bei Präsentationen oder öffentlichen Auftritten möglichst deutlich langsamer als gewöhnlich zu sprechen und eine einfache Terminologie zu verwenden. Zudem empfiehlt es sich, auf eine allzu elaborierte Sprache zu verzichten, um auch Beschäftigte mit geringerem Sprachvermögen bei der Kommunikation nicht zu verlieren. Ich habe es häufig erlebt, wie Menschen, die in internationalen Managementpositionen beschäftigt sind, von einem höheren Englisch auf eine einfache Sprache umschalten, sobald sie erkennen, dass ihr Gegenüber der englischen Sprache nicht perfekt mächtig ist. Ich nenne das im Stillen das Umschalten auf „Tausend Worte Grundwortschatz“.

Um keine Missverständnisse aufkommen zu lassen: In der externen Kommunikation kann und sollte man sicherlich nicht auf allzu einfaches Sprachniveau herunterkommen. Aber man muss auch im Geschäftsleben nicht „wie Shakespeare" kommunizieren.

Bei der Verwaltung und Führung eines vielfältigen Teams ist es wichtig, einen „offenen Geist" zu bewahren. Was für Sie vielleicht normal (und sogar selbstverständlich) ist, kann für jemanden aus einer anderen Kultur völlig fremd sein. Es ist wichtig, die Unterschiede zu würdigen, anstatt sie etwa zu unterdrücken und zu verschweigen. Das deutsche „frank und frei", Fehler zu kritisieren, ist in vielen anderen Kulturen geradezu verpönt. Dazu muss man gar nicht nach Fernost schauen – schon in Großbritannien oder gar den USA wird „unsere direkte deutsche Art" häufig als brüsk oder sogar unhöflich empfunden.

Alibi-Maßnahmen vermeiden

Was Sie indes vermeiden sollten: Alibi-Maßnahmen, um eine Pseudo-Vielfalt zu erzeugen. Darunter fällt beispielsweise die Einstellung von Personen aus einer Minderheitengruppe, nur um den Anschein von Rassen- oder Geschlechtergleichheit zu vermitteln. Solche Pseudo-Maßnahmen werden in der Regel sowohl von der jeweiligen Gruppe als auch von der Gesamtheit der Belegschaft eher schlecht aufgefasst.

Bei der Einstellung neuer Mitarbeiter ist es daher von entscheidender Bedeutung, bei der Auswahl unvoreingenommen vorzugehen. Speziell im amerikanischen Raum ist es normal, dass aus den Lebensläufen potenzieller Mitarbeiter der Name, das Foto, das Alter und alle anderen persönlichen Angaben entfernt werden, bevor der Auswahlprozess beginnen kann, um so unvoreingenommen wie möglich zu sein.

Das kommt dem Unternehmen angesichts des US-amerikanischen Rechtssystems durchaus entgegen, denn dadurch wird eventuellen Vorwürfen von einseitigen Einstellungskriterien bzw. der Bevorzugung resp. Benachteiligung bestimmter Gruppen von vornherein die Grundlage entzogen.

Vertriebs- und Marketingstrategie

Vertrieb und Marketing sind zentrale Funktionen im Unternehmen. Wie verschiedenartig sie jedoch in unterschiedlichen Unternehmen wahrgenommen werden, ist faszinierend. Das gilt erst recht bei internationalen Organisationen.

Für einige Unternehmen gelten Vertrieb und Marketing als die Kernkompetenz des Unternehmens – als das Wesen oder der Herzschlag der Firma. Für andere Unternehmen hingegen scheinen Vertrieb und Marketing eher ein „notwendiges Übel“ zu sein. Die eine Gruppe von Firmen betrachtet sie als „Aktivposten“, während die andere diese Funktionen als höchstwahrscheinlich zu teuren Kostenfaktor ansieht.

Vertrieb und Marketing als A und O im Ausland

Sie können sich vorstellen, wie groß die Wahrscheinlichkeit ist, dass eine Organisation, die diese kritisch-wichtigen Funktionen negativ sieht, international erfolgreich sein wird. Klar formuliert: Ein Unternehmen, das international expandieren will, muss von Vertrieb und Marketing geprägt sein. Wenn Sie in Ihrer Rolle als Aufsichtsrat oder Beirat erkennen, dass „Ihr“ Unternehmen zwar technisch hervorragende Produkte herstellt, aber vertrieblich eher unterbelichtet ist, drängen Sie darauf, dass im Zuge einer Internationalisierung ein Fokus auf Marketing und Vertrieb gelegt wird.

Lassen Sie mich Ihnen dazu eine kurze Geschichte erzählen (es klingt wie ein Witz, ist aber keiner). Drei leitende Angestellte bestiegen alle denselben Flug (einen Lufthansa-Flug von Madrid nach Frankfurt). Die damalige Reiserichtlinie des Unternehmens lautete strikt „nur Economy für alle Reisen in der EU". Jedoch…

Der Leiter der Rechtsabteilung reiste in Reihe 1 der Business-Class, der Leiter der Verwaltung reiste in der ersten Reihe in der Economy-Class und der Leiter der Verkaufsabteilung saß ganz hinten im Flugzeug. Nun könnte man argumentieren, dass dies irrelevant und nicht wichtig ist. Doch in Wahrheit ist es Ausdruck einer Einordnung der Bedeutung, die das Unternehmen diese Funktionen beimisst. Es ist ein Symptom für eine Organisation, die den kommerziellen Prozess des Unternehmens einfach nicht als Hauptpriorität ansieht. Der Vertrieb wird nicht als Motor, der alles am Laufen hält, weil er die Kunden bringt, hochgehalten, sondern nach dem Motto „das sind ja nur Verkäufer" herabgewürdigt.

Meine Berufserfahrung hat mich gelehrt: Das ist kein Einzelfall. Viele Firmen haben längst ihren unternehmerischen Zweck – Kunden zu finden, die ihre Produkte und Dienstleistungen abkaufen – aus den Augen verloren. Diese Unternehmen haben völlig vergessen, dass sie im Geschäft sind, um die Bedürfnisse ihrer Kunden zu erfüllen, und konzentrieren sich stattdessen auf ihre internen Probleme.

Das ist zweifelsohne ein eigenes Thema, das Sie als Aufsichtsrat oder Beirat sicherlich in dem einen oder anderen Fall beschäftigen wird. Im Zusammenhang mit der Internationalisierung kommt diesem Themenkomplex indes eine Schlüsselrolle zu.

Machen Sie „Ihre“ Firma zu einer asiatischen Airline

Sie können diese Auf-sich-selbst-Zentrierung regelmäßig erleben, wenn Sie häufig international reisen. Einige Fluggesellschaften (nennen wir sie vorläufig einfach die nationalen „alten“ Fluggesellschaften) behandeln ihre Kunden fast mit Verachtung. Ihre Strategie scheint darin zu bestehen, dass es ihr „Recht“ ist, dieses Geschäft zu haben, und ihr Hauptanliegen besteht darin, die Bedingungen, Privilegien und das Einkommen der Mitarbeiter selbst zu erhalten.

Die Kunden sind zu „ertragen“ und werden schlecht behandelt. Nach meiner Erfahrung werden eine typische, nationale europäische und viele der nordamerikanischen Fluggesellschaften so geführt.

Vergleichen Sie dies einmal mit einigen der führenden asiatischen oder nahöstlichen Fluggesellschaften – welch ein Unterschied! Die dortigen Mitarbeiter scheinen gerne für die Fluggesellschaft zu arbeiten und sich mit Leidenschaft um ihre Kunden zu kümmern. Der Service ist großartig, die Flugzeuge sind in der Regel neuer, die Lounges der Fluggesellschaften sind besser, die Sitze bequemer und zu alledem sind sie wesentlich preiswerter als die „alten“ Fluggesellschaften.

Würden Sie sich in Anbetracht dessen immer noch für einen Flug mit einer nationalen Fluggesellschaft aus der EU oder den USA entscheiden, wenn Sie eine andere Wahl hätten?

Die Lehre daraus: Sorgen Sie als Aufsichtsrat oder Beirat dafür, dass „Ihr“ Unternehmen – im übertragenen Sinne, versteht sich – eine dieser hervorragenden asiatischen Airlines wird. Finden Sie eine Unternehmenskultur, bei der stets der Kunde im Mittelpunkt steht. Wenn Sie ehrlich in „Ihr“ Unternehmen hineinsehen, mag das einen Kulturwandel benötigten. Aber dieser Wandel ist ohnehin nötig, wenn eine internationale Expansion angestrebt wird.

Den Kompass einer Firma auf Kundenorientierung zu stellen, gehört zu den vornehmsten Aufgaben jedes Aufsichtsrats und Beirats. Damit rücken Marketing und Vertrieb – denn das ist nichts anderes als aktives Bemühen um den Kunden – zwangsläufig in den Vordergrund.

Jeder macht Marketing

Jeder, der in einem Betrieb regelmäßig Kundenkontakt hat, macht Marketing – entweder im Guten oder im Schlechten.

Vom Vorstandsvorsitzenden bis hin zur Empfangsdame und dem Hausmeister hat jeder seinen Anteil daran, das Unternehmen bestmöglich zu präsentieren, sich das Feedback aller Personen, mit denen er zu tun hat, anzuhören und dann sowohl formell als auch informell dazu beizutragen, dass sich das Unternehmen anpasst und verbessert – manchmal auch als kontinuierliches Verbesserungsprogramm (KVP) bezeichnet.

Um eine Fokussierung des Unternehmens auf Vertrieb und Marketing zu erreichen, sollte „Ihre“ Chefetage auf folgende Fragen gute Antworten finden:

- Wer sind Ihre Zielkunden?
- Warum sollten Ihre Kunden bei Ihnen kaufen?
- Was sind Ihre USPs (Alleinstellungsmerkmale)?

- Wer sind die Wettbewerber? Was sind ihre Stärken und Schwächen?
- Wie können wir uns von der Konkurrenz abheben?

Erst wenn diese Fragen klar beantwortet werden können, lässt sich darauf basierend eine verständliche Vertriebs- und Marketingstrategie entwickeln.

Bei der Erfüllung dieser Aufgabe für ein internationales Unternehmen kommt es darauf an, eine globale Strategie (allgemeine Marschrichtung) zu entwickeln, die von allen Beteiligten im Unternehmen (in allen Ländern, Märkten, Kulturen und Sprachen) leicht kommuniziert und verstanden werden kann.

Wesentliche Aspekte einer globalen Vertriebs- und Marketingstrategie sind:

- Markenbildung,
- Preisgestaltung,
- Grundwerte,
- Kernbotschaften,
- Verpackung,
- Kernsortiment,
- Produktdesign,
- globale Website,
- globale Kernbotschaften in den sozialen Medien.

Wichtig ist, dass der Prozess der Umsetzung in der Verantwortung der lokalen Teams liegt – natürlich in enger Abstimmung mit der Zentrale.

Lassen Sie mich Ihnen dazu einige besonders prägnante Aspekte aufführen:

- Vertriebskanäle – Entscheidung über die Kanäle (auf dem lokalen Markt kann es üblicher sein, über Distributoren zu verkaufen statt direkt an die Endkunden) sowie die Entscheidung, mit wem man zusammenarbeitet;
- Preispolitik für den lokalen Einzelhandel/Wiederverkäufer;
- Übersetzung von Websites, Social-Media-Inhalten und Verpackungen in die lokale Sprache;
- lokalisierte Verkaufstools und Marketingmaterialien.

Das bedeutet, dass die wichtigsten globalen Strategien lokal übersetzt und ein lokaler Aktionsplan erstellt und vom lokalen Team umgesetzt werden muss. Wer soll schließlich die lokale Sprache, Kultur, Sitten und Gebräuche und die Art und Weise, wie Geschäfte gemacht werden, besser verstehen als das lokale Team?

Diese Übersetzung der globalen Strategie in einen lokalisierten Aktionsplan ist eine wichtige Aufgabe der lokalen Teams, um sicherzustellen, dass das Unternehmen und sein geistiges Eigentum (Intellectual Property, IP) für den lokalen Markt und seine Kunden relevant bleiben.

Wie bereits erwähnt, ist es von entscheidender Bedeutung, die lokalen Gepflogenheiten und kulturellen Normen zu verstehen, wenn man einen neuen Markt betritt. Die Liste der potenziellen Fehler ist lang. Man kann das richtige Verhalten in der Regel nicht erraten, sondern man muss es wissen bzw. lernen. So schaut man zum Beispiel niemals auf die Fußsohlen, wenn man sich in einem thailändischen Geschäftsumfeld befindet. Und in Osteuropa sollte man ein Meeting nicht mit einem Witz beginnen – während genau dies im angelsächsischen Raum Usus ist, um die Atmosphäre aufzulockern.

Lassen Sie mich Ihnen einige weitere Fettnäpfchen nennen, in die man „gerne" hineintritt, wenn man es nicht besser weiß. Zu diesen leicht zu begehenden Fehlern gehören:

- Sich auf einen leeren Platz setzen und nicht darauf warten, dass man persönlich auf den bevorzugten Platz gesetzt wird, wodurch die Hierarchie der Teilnehmer nicht vollständig anerkannt wird;
- Die Bedeutung des Abendessens nach der Sitzung zu verkennen – vor allem in asiatischen Kulturen, da hier die eigentlichen Geschäfte abgewickelt werden;
- Wenn Ihr Gastgeber so freundlich war, für Sie zu bestellen, fragen Sie nie, was das Gericht ist, wenn es kommt (die Antwort wird Ihnen vielleicht nicht gefallen). Es ist immer besser, es zu essen und zu sagen, wie lecker es ist.

Vertrieb und Marketing sind gleichwichtig

Manchmal werde ich gefragt: Was ist wichtiger, Verkauf oder Marketing? Das ist in etwa so, als ob man fragt, ob Essen oder

Trinken für den Menschen wichtiger ist. Die Antwort liegt auf der Hand: beides.

Ein funktionierendes Vertriebsteam, das Chancen erkennt, ein geeignetes Angebot für das Geschäft unterbreitet, Einwände bearbeitet und überwindet, Bedingungen aushandelt, den Verkauf abschließt und dafür sorgt, dass die Zahlung pünktlich erfolgt, ist natürlich von entscheidender Bedeutung, denn ohne diese Aktivitäten wird es auch kein Geschäft geben.

Ich bezeichne diese Tätigkeiten als den „Push" des Vertriebs.

Ebenso wird es ohne ein Marketingteam, das geeignete Verkaufsinstrumente entwickelt (Erläuterung der Merkmale und Vorteile des Produkts oder der Dienstleistung), eine klar ausgearbeitete und definierte Reihe von Alleinstellungsmerkmalen, Verpackungen, Design, Internet, soziale Medien – die alle verständlich sind und in die Landessprache übersetzt werden – extrem schwierig (vielleicht sogar unmöglich) sein, ein Geschäft abzuschließen. Aus diesem Grund sprechen wir im Geschäftsleben vom Marketing „Pull".

Aus den obigen Ausführungen können Sie wahrscheinlich erkennen, dass ohne den „Pull" des Marketings der „Push" des Vertriebs nur sehr schwer zu erreichen ist. Ohne jemanden, der Leads identifiziert, an sie verkauft, den Auftrag abschließt und dafür sorgt, dass die Zahlung erfolgt, wird es auch kein Geschäft geben. Diese beiden Funktionen müssen eng zusammenarbeiten, um ein erfolgreiches Handeln zu gewährleisten.

Wenn die globale Vertriebs- und Marketingstrategie erfolgreich umgesetzt wird, sollte sie eine „eigene Sprache" haben, die unabhängig vom Markt, vom Land oder sogar von der Landessprache sofort erkennbar ist. Beispiele hierfür finden sich bei den großen Marken wie Apple, VW, Tesla, Coca Cola, PWC und so weiter. Im Grunde genommen sind alle diese Marken sofort erkennbar, egal, auf welchem Markt man sie sieht. Sie repräsentieren dieselben Attribute, Markenwerte, Qualität und so weiter, ganz gleich, ob Sie diese Marken in Riad oder in Rotterdam sehen.

Export oder wirklich international?

Häufig diskutiere ich mit Unternehmen über ihre internationale Wachstumsstrategie, um festzustellen, dass sie im Grunde genommen gar nicht international sind, aber exportorientiert. Sie wollen ihr bestehendes Inlandsgeschäft beibehalten und den Einnahmen einige „Exporterlöse“ hinzufügen.

Es besteht jedoch ein großer Unterschied dazwischen, dem bestehenden Inlandsgeschäft eine Abteilung „Exportgeschäft“ hinzuzufügen, und der Absicht, sich wirklich zu einem internationalen Unternehmen zu entwickeln. Es gibt für beide Ausrichtungen gute Argumente und es geht nicht etwa um eine Wertung, was besser ist – jedenfalls nicht um eine allgemeingültige. Als Aufsichtsrat oder Beirat sollten Sie sich jedoch des Unterschieds bewusst sein und erkennen, ob „Ihr“ Unternehmen besser auf Export oder gleich auf Internationalisierung der Firma setzen sollte.

Lassen Sie mich Ihnen die Unterschiede zwischen diesen beiden Konzepten in der Praxis erläutern.

Kerngeschäft plus Export

Betrachten wir zunächst das Konzept „Kerngeschäft plus Export“:

- Das Kerngeschäft (Inland) hat vollen Vorrang vor allen anderen Märkten. Das bedeutet, dass bei einem Mangel an einem Produkt oder einer Dienstleistung automatisch den inländischen Kunden Vorrang eingeräumt wird – unabhängig von allen anderen Überlegungen (zum Beispiel vertragliche Liefervereinbarungen oder bei besonderer strategischer Bedeutung).

- Die Geschäftsstrategie wird nur für das Kerngeschäft entwickelt. Dann wird sie für alle anderen Märkte angewandt, wobei die dortigen lokalen Bedürfnisse wenig oder gar nicht berücksichtigt werden.

- Die Kunden auf dem Exportmarkt müssen sich den Anforderungen des Inlandsgeschäfts „anpassen“, zum Beispiel bei der Preisgestaltung, den Konditionen und so weiter. Es gibt wenig oder keine Flexibilität gegenüber der Norm.

- Die Vertriebskanalstrategie wird aus der Ferne vorgegeben und ist möglicherweise für die Exportkunden nicht relevant oder weniger geeignet.

- Der Kundenservice erfolgt durch die bestehenden Strukturen des Inlandsmarktes, wobei Unterschiede bei Kultur, Sprache, Zeitzone oder lokalen Feiertagen im Ausland kaum berücksichtigt werden.

- Alle Marketingmaterialien sind einfach Kopien der vorhandenen Originale. Ich habe Beispiele gesehen, bei denen sich die Unternehmen nicht einmal die Zeit genommen haben, in die Landessprache zu übersetzen.

Zur Klarstellung: Viele Unternehmen sind mit diesem Modell durchaus erfolgreich. Das gilt vor allem dann, wenn man tatsächlich ein sehr begehrtes Produkt anzubieten hat, das im Ausland „einfach so“ Abnehmer findet. Mit einer strategischen Internationalisierung hat dieses Exportmodell indes wenig zu tun. Auch wenn es funktioniert – genauer gesagt, *weil* es funktioniert – muss man sich darüber im Klaren sein, dass enorme Absatzmärkte und damit Umsatzchancen links liegen gelassen werden. Ein erfolgreiches Exportgeschäft ist schließlich das beste Indiz dafür, dass einer Internationalisierung der Erfolg beschieden sein wird.

Internationales Geschäftskonzept

Schauen wir uns nun das internationale Geschäftskonzept an:

- Der geografische Standort spielt bei der Entscheidung über die Priorität der Kunden keine Rolle. Stattdessen betrachtet das Unternehmen alle Kunden in gleicher Weise unter dem Gesichtspunkt des jeweiligen Landes und entscheidet stattdessen über die Priorität anhand kommerzieller Faktoren wie strategische Bedeutung, Gewinnspanne und langfristige Auswirkungen.

- Während die allgemeine Geschäftsstrategie von der Zentrale aus gesteuert wird, liegt die Umsetzung (oder Übersetzung) in der Verantwortung der lokalen Teams.

- Bei der Ausarbeitung der Handelsbedingungen müssen die Bedürfnisse, Anforderungen und Gepflogenheiten des lokalen Unternehmens in vollem Umfang berücksichtigt werden. Das Geschäft muss rentabel werden, aber es muss auch Flexibilität gezeigt werden, um Marktanteile aufzubauen und einen langfristigen Plan zu erstellen.

- Die Vertriebsstrategie liegt in der Verantwortung des lokalen Teams. Sie müssen den besten Ansatz für das Handelsmarketing festlegen.

- Ein zentral gesteuerter Kundendienst ist durchaus akzeptabel, allerdings müssen die lokale Sprache, Zeitzonen,

Feiertage und so weiter berücksichtigt werden. Ich kenne asiatische Firmen, die sich weigern, wichtige christliche Feste wie Weihnachten anzuerkennen, aber im Gegenzug meinen, dass das chinesische Neujahrsfest nicht unterbrochen werden darf.

- Der lokale Markt bzw. die demografischen Gegebenheiten müssen berücksichtigt werden, bevor Produkte weltweit auf den Markt gebracht werden. Ich habe tatsächlich Beispiele gesehen, bei denen weiße, westliche Kinder mit blondem Haarschopf für die Verpackung eines Produkts verwendet wurden, das für den Verkauf in Afrika bestimmt war.

Daraus resultiert indes auch folgende Empfehlung: Bei der Wahl des Standorts sollte man nicht zwangsläufig dem Heimatland den Vorzug geben, nur weil es der Heimatmarkt ist und die Menschen dort die vertraute Sprache sprechen, die man selbst am besten beherrscht.

Für eine internationale Firma gilt: Berücksichtigen Sie stattdessen den für Ihre Kunden am besten geeigneten Standort, mit den besten Logistikrouten, dem kostengünstigsten Lagerstandort, den geringsten Lohnkosten sowie den besten Kosten für Versorgungsleistungen und so weiter.

Ich habe des Öfteren erlebt, dass beispielsweise deutsche Unternehmen ihre Betriebe in Deutschland ansiedelten, obwohl in diesen Fällen die Niederlande ein wesentlich besserer Standort gewesen wären. Oder britische Unternehmen mit Logistikzentren in Südirland (kaum der zentralste Ort für die Verschiffung von Produkten in ganz Europa), und schon gar nicht mitten in einem Wintersturm (die irische See ist nichts für schwache Nerven).

Finanz- und Rechnungswesen

Alle Unternehmen benötigen eine gut funktionierende Finanzabteilung, deren Hauptaufgabe darin besteht, sicherzustellen, dass das Unternehmen die Kontrolle über die eingehenden und ausgehenden Geldströme hat. Aus offensichtlichen Gründen ist diese Funktion für das Wohlergehen des Unternehmens von entscheidender Bedeutung.

In Anbetracht des Charakters der Finanzabteilung ist es sehr wichtig, eine klar verständliche und dokumentierte Delegation von Befugnissen (DoA, „delegation of authority") sowie Rollen und Verantwortlichkeiten (RoR, „roles and responsibilities) für das Unternehmen zu schaffen.

Beispielsweise ist es in der Regel nicht zulässig, dass das Vertriebsteam Zugriff auf die Systeme des Kundendienstes oder der Finanzabteilung hat oder dass dieselbe Person des Kundendienstes, die Bestellungen eingibt, auch Zugriff auf dieselbe Bestellung aus Sicht der Kreditkontrolle hat bzw. diese freigeben kann.

Aufsichtsrat/Beirat: Unabhängigkeit der Finanzen

„Ihr" Finanzdirektor muss über ein gewisses Maß an Autonomie gegenüber dem Vorstandsvorsitzenden verfügen, und es müssen Systeme vorhanden sein, die sicherstellen, dass im Falle eines Finanzproblems dieses spezifische Problem im Voraus erkannt wird. Der Finanzdirektor sollte befugt sein, seine Meinung offen zu äußern, wenn es Meinungsverschiedenheiten mit dem CEO oder anderen Direktoren des Unternehmens gibt. Diese Unabhängigkeit und Offenheit zu gewährleisten, gehört sicherlich zu den wichtigsten Aufgaben eines Aufsichtsrats oder Beirats.

Auch wenn die meisten Unternehmen über eine formelle Finanzabteilung verfügen, sollte ich darauf hinweisen, dass meiner Erfahrung nach die Finanzen nicht in der ausschließlichen Verantwortung des Finanzteams liegen. Ähnlich wie bei der Marketingfunktion muss jeder im Unternehmen involviert sein und auf beide Richtungen des Geldflusses achten – nicht nur auf die Ausgaben des Unternehmens, sondern auch auf den Zufluss von Geldern.

Ein klares Beispiel dafür ist die Verantwortung der Debitorenbuchhaltung. Da das Vertriebsteam in der Regel die Funktion ist, die den Kunden am nächsten steht, ist es von größter Bedeutung, dass es engen Kontakt zu den Finanzabteilungen seiner Kunden hält bzw. Verbindungen zu ihnen hat.

Wann immer Zahlungsprobleme beim Kunden auftreten, muss das Vertriebsteam der Nichtzahlung bzw. dem Zahlungsverzug zuvorkommen und direkt mit den Finanzteams des Kunden sprechen. Im schlimmsten Fall, wenn der Kunde zahlungsunfähig wird (Insolvenz), muss das Vertriebsteam dies über sein Netzwerk vorhersehen und sein Finanzteam entsprechend informieren, damit es Korrekturmaßnahmen ergreifen kann, um sicherzustellen, dass das Risiko für Ihr Unternehmen so gering wie möglich gehalten wird.

Unterschiedliche Normen für das Zahlungsverhalten

Wie bereits erwähnt, gibt es in verschiedenen Ländern und Kulturen sehr unterschiedliche, akzeptierte Normen für das Zahlungsverhalten. Daher müssen Sie als internationales Unternehmen die lokalen Bedingungen ermitteln und flexibel damit umgehen, aber dennoch muss ein klarer Rahmen oder eine Grenze für akzeptable Bedingungen festgelegt werden.

Meiner Erfahrung nach haben einige Unternehmen ein Finanzteam, das zu viel Einfluss auf die Geschäftspolitik ausübt, was in gewisser Weise genauso schlimm ist wie ein Unternehmen mit einer schlecht geführten Finanzabteilung. Ich kenne Organisationen, die die Geschäftspolitik des Unternehmens ausschließlich über Finanzinstrumente steuern, in der irrigen Annahme, dass sie damit die „Risiken minimieren“.

Dies ist ein sehr gefährlicher Ansatz für das Geschäft und entspricht im Grunde dem Autofahrer, der nur in den Rückspiegel schaut. Meiner Erfahrung nach wird der Ansatz, kein Risiko einzugehen, paradoxerweise zur risikoreichsten Strategie, da die Wahrscheinlichkeit eines Scheiterns sehr hoch ist. Schließlich ist bei der Messung der finanziellen Leistung des Unternehmens Vorsicht geboten, wenn die Daten nicht von der Finanzabteilung stammen. Es darf nur „*eine* Version der Wahrheit“ geben, und diese muss aus den offiziellen Finanzberichten stammen, die von der Finanzabteilung geliefert werden.

Es ist völlig inakzeptabel, dass beispielsweise Vertriebsmitarbeiter ihre eigenen Berichte aus anderen Daten als denen des Finanzsystems erstellen. Das ist selbstverständlich, meinen Sie? Ganz im Gegenteil, lautet meine Erfahrung. Es gibt in den meisten Fällen mehr geheime Exceltabellen, Worddokumente oder „private Datenbanken“, als die Firmenchefs erahnen. Man spricht von „Schattendaten“.

Schattendaten auf der Spur

Schattendaten (engl. Shadow Data) beziehen sich auf Informationen, die innerhalb eines Unternehmen existieren, aber nicht offiziell erfasst, gespeichert oder verwaltet werden. Schattendaten können aus einer Vielzahl von Quellen stammen, einschließlich:

- Nicht autorisierte oder unsachgemäß verwendete Cloud-Dienste: Mitarbeiter können Cloud-Dienste wie Google Drive, Dropbox oder OneDrive nutzen, um Daten zu speichern und zu teilen, ohne dass dies von der IT-Abteilung genehmigt oder überwacht wird.

- Persönliche Geräte: Mitarbeiter, die persönliche Geräte für die Arbeit nutzen, ohne dies offiziell zu melden oder genehmigen zu lassen, können Schattendaten erzeugen, da diese Daten nicht im offiziellen IT-System des Unternehmens erfasst werden.

- E-Mails und Messaging-Apps: Informationen, die über E-Mail oder Messaging-Apps ausgetauscht werden, können als Schattendaten gelten, insbesondere wenn sie wichtige Geschäftsinformationen enthalten und nicht im zentralen Unternehmensspeicher gespeichert sind.

Schattendaten können ein Sicherheitsrisiko darstellen, da sie möglicherweise sensibel sind und außerhalb der offiziellen Sicherheitskontrollen einer Organisation liegen. Daher sollten Sie als Aufsichtsrat oder Beirat darauf drängen, dass „Ihr“ Unternehmen Richtlinien und Verfahren einführt, um den Umgang mit solchen Daten zu regulieren und sicherzustellen, dass sie ordnungsgemäß gespeichert, verwaltet und geschützt werden. Das gilt nicht nur für Finanzdaten, sondern beispielsweise auch für Kunden- und Personalinformationen.

Personal und Recht

Wenn „Ihr" Unternehmen eine internationale Dimension annimmt und in der Folge wächst, wird „Ihre" Company höchstwahrscheinlich ihre Ressourcen entsprechend aufstocken müssen, was bedeutet, dass zwangsläufig Mitarbeiter außerhalb Ihres Heimatmarktes einzustellen sind.

Ich habe bereits erläutert, dass mit dem Übergang von einer lokalen zu einer internationalen Tätigkeit auch die Komplexität der geschäftlichen Aktivitäten zunimmt. Nun, damit wird auch die rechtliche Komplexität zunehmen. In Anbetracht dessen und sofern Sie bzw. „Ihr" Unternehmen nicht bereits über juristisches Fachwissen in den ausländischen Märkten verfügt, empfehle ich Ihnen dringend, sich in denjenigen Ländern, in denen Sie expandieren, seriöse, externe juristische Hilfe zu holen und das rechtliche Umfeld *vor* der Ausarbeitung Ihres Wachstumsprogramms umfassend zu bewerten. Als Aufsichtsrat oder Beirat ist es geradezu Ihre Pflicht, darauf zu drängen, dass der Vorstand bzw. die Geschäftsleitung juristische Prüfungen vornimmt, bevor man „ins Ausland marschiert."

Breites Spektrum an Rechtsfragen

Bei einer internationalen Expansion sollte ein Unternehmen verschiedene Rechtsfragen klären, um rechtliche Risiken und Schwierigkeiten zu minimieren. Hier sind einige wichtige Aspekte, die berücksichtigt werden sollten:

- Gesellschaftsrecht: Untersuchen Sie die gesetzlichen Anforderungen für die Gründung und den Betrieb eines Unternehmens in den Zielländern, einschließlich der Registrierung, der Unternehmensform (zum Beispiel Tochtergesellschaft, Niederlassung, Joint Venture) und der Haftung der Muttergesellschaft.

- Steuerrecht: Prüfen Sie die Steuergesetze und -abkommen des Ziellandes und deren Auswirkungen auf Ihr Unternehmen. Dies kann die Einkommenssteuer, Umsatzsteuer, Zölle und andere lokale Steuern betreffen.

- Arbeitsrecht: Informieren Sie sich über die Arbeitsgesetze und -bestimmungen in den Zielländern, einschließlich Mindestlohn, Arbeitszeiten, Urlaubsanspruch, Kündigungsschutz und Arbeitnehmerrechte.

- Vertragsrecht: Berücksichtigen Sie landesspezifische Regelungen für Verträge, einschließlich Vertragsgestaltung, Haftung und Streitbeilegung.

- Immaterialgüterrechte: Schützen Sie Ihre geistigen Eigentumsrechte (Marken, Patente, Urheberrechte) in den Zielländern und prüfen Sie, ob lokale Gesetze ausreichenden Schutz bieten.

- Datenschutz und Datensicherheit: Stellen Sie sicher, dass Ihr Unternehmen die Datenschutzgesetze und -bestimmungen in den Zielländern einhält, insbesondere bei personenbezogenen Daten von Kunden und Mitarbeitern.

- Import- und Exportgesetze: Informieren Sie sich über die Import- und Exportbestimmungen und -beschränkungen des Ziellandes, einschließlich Zollverfahren, Lizenzen und Beschränkungen für bestimmte Waren oder Technologien.

- Compliance und Anti-Korruptionsgesetze: Achten Sie darauf, die Anti-Korruptionsgesetze und -bestimmungen des Ziellandes sowie internationale Regelungen wie den US Foreign Corrupt Practices Act (FCPA) oder die UK Bribery Act einzuhalten.

- Umwelt- und Produktvorschriften: Informieren Sie sich über Umwelt- und Produktsicherheitsgesetze und -bestimmungen in den Zielländern, um sicherzustellen, dass Ihre Produkte und Verfahren den Anforderungen entsprechen.

- Länderspezifische Risiken: Berücksichtigen Sie politische, wirtschaftliche und soziale Risiken in den Zielländern, die sich auf Ihr Unternehmen auswirken könnten, und treffen Sie geeignete Vorsichtsmaßnahmen.

Es ist ratsam, sich bei der internationalen Expansion von Experten wie Rechtsanwälten, Steuerberatern und Fachleuten für internationale Geschäfte beraten zu lassen, um die Rechtsfragen und Risiken in den Zielländern gründlich zu verstehen und angemessen zu managen.

Arbeitsgesetze sind von Land zu Land verschieden

So weiß ich beispielsweise aus eigener Erfahrung, dass sich die Arbeitsgesetze von Land zu Land stark unterscheiden. Alles kein Problem, solange Sie „nur“ innerhalb der Europäischen Union expandieren, meinen Sie? Mitnichten!

Ganz im Gegenteil ist die EU ein gutes Beispiel dafür, dass bei aller vermeintlicher Rechtsangleichung dennoch jedes Land noch eine gewisse Autonomie in Bezug auf das Arbeitsrecht bewahrt hat. Außerdem ändern sich die Gesetze in den einzelnen Ländern häufig, und Sie können sich daher sicher vorstellen, dass der Aufwand, um auf dem neuesten Stand zu bleiben, immens ist, und dass ein Fehler sehr kostspielig sein kann. An dieser Stelle sei ein Wort der Vorsicht angebracht. In Ländern mit den günstigsten Bedingungen für Arbeitnehmer (und damit per Definition mit den ungünstigsten Arbeitsgesetzen für Unternehmen) ist Ihr zukünftiges Team vor Ort mit diesen lokalen Arbeitsgesetzen sehr vertraut. Deshalb wiederhole ich: Holen Sie sich externen, unparteiischen Rechtsrat, bevor Sie vertragliche Vereinbarungen treffen, sei es mit Mitarbeitern, Vertretern, Lieferanten oder Kunden. Es ist kein Zufall, dass viele internationale Unternehmen in den DACH-Ländern (Deutschland, Österreich, Schweiz) in Europa ansässig sind, während (als Beispiel) Spanien, Portugal oder Italien weniger verbreitet sind.

Vermeiden Sie ungewollte Verpflichtungen

Besondere Aufmerksamkeit müssen Sie Verträgen widmen – sei es mit neuen Kunden, Lieferanten oder auch Arbeitsverträgen –, da Sie möglicherweise unbeabsichtigt Bedingungen akzeptieren, die später erhebliche Folgen haben könnten.

Ein Beispiel ist der Status der ständigen Niederlassung in einem Land. Wenn Sie einen Arbeitsvertrag in einem Land abschließen, kann es sein, dass Sie versehentlich den Status einer Betriebsstätte schaffen und daher lokale Steuerberichte einreichen und Steuern in dem Land zahlen müssen. Wenn Sie in Ländern wie Frankreich und Spanien Verträge mit Handelsvertretern abschließen, gehen Sie möglicherweise eine Vereinbarung ein, nach der der Handelsvertreter auch nach Beendigung Ihres Vertrags mit dem Handelsvertreter Anspruch auf eine Provision für zukünftige Verkäufe hat. Also: Immer in eine solide, lokale, externe und unabhängige Rechtsberatung vor Ort investieren, bevor man im Ausland Verträge abschließt.

E-Commerce als Wegbereiter

In der heutigen, globalisierten Wirtschaft bietet das Internet eine Fülle von Möglichkeiten für Unternehmen, ihre Geschäftstätigkeit über die nationalen Grenzen hinweg auszuweiten. Genau genommen hat sich E-Commerce geradezu zu einem der wichtigsten Treiber für internationales Wachstum entwickelt, insbesondere für mittelständische deutsche Unternehmen. Nachfolgend werden wir verschiedene Strategien, Fakten und Beispiele untersuchen, um aufzuzeigen, wie ein mittelständisches deutsches Unternehmen erfolgreich über das Internet ins Ausland expandieren kann.

Marktanalyse und Zielmarktselektion

Bevor ein Unternehmen den Schritt ins Ausland wagt, ist es wichtig, den passenden Zielmarkt zu identifizieren. Das gilt natürlich auch für E-Commerce. Hierbei sollte eine gründliche Marktanalyse durchgeführt werden, um demografische Faktoren, Kaufkraft, Markteintrittsbarrieren und lokale Wettbewerber zu bewerten.

Lokalisierung von Webseiten und Angeboten

Um Kunden im Zielland effektiv anzusprechen, ist es wichtig, dass die Webseite und die Angebote für das Zielpublikum lokalisiert werden. Dies beinhaltet die Übersetzung von Inhalten in die Landessprache, die Anpassung von Produktbeschreibungen und Preisen an lokale Gegebenheiten sowie die Berücksichtigung kultureller Unterschiede. Ein Beispiel ist Spreadshirt, ein deutsches Unternehmen, das individuell gestaltete Kleidung und

Accessoires vertreibt. Sie haben ihre Webseite und Angebote erfolgreich lokalisiert, um in verschiedenen Ländern wie den USA, Kanada und Großbritannien zu expandieren.

Internationale Versand- und Zahlungsoptionen

Ein entscheidender Faktor beim E-Commerce ist es, den Kunden eine Vielzahl von Versand- und Zahlungsoptionen anzubieten. Dazu gehört die Zusammenarbeit mit internationalen Logistikunternehmen wie DHL, FedEx oder UPS, um einen reibungslosen und kostengünstigen Versand zu gewährleisten.

Auch die Integration von gängigen Zahlungsmethoden wie Kreditkarten, PayPal und Apple Pay ist essenziell. Beispielhaft ist hier das deutsche Unternehmen MyMuesli, das seinen Kunden in über 30 Ländern verschiedene Versand- und Zahlungsoptionen anbietet.

Online-Marketing, Social Media und SEO

Um auf dem internationalen Markt erfolgreich zu sein, ist eine effektive Online-Marketingstrategie unerlässlich. Dies kann durch Suchmaschinenmarketing (SEM), Suchmaschinenoptimierung (SEO), E-Mail-Marketing und Social Media Marketing erfolgen.

Dazu gehören im Einzelnen:

- Lokales SEO: Optimierung der Website, um in den Suchmaschinen der Zielmärkte besser gefunden zu werden. Beispielsweise kann dies die Verwendung von länderspezifischen Domainendungen (zum Beispiel „fr" für Frankreich) beinhalten.

- Soziale Medien: Nutzung von landesspezifischen sozialen Medien und Influencern, um die Bekanntheit des Unternehmens und der Produkte zu steigern.

- Online-Werbung: Schaltung von gezielten Anzeigen in den Zielmärkten (zum Beispiel Google Ads, Facebook Ads).

Ein Beispiel ist das deutsche Unternehmen HelloFresh, das maßgeschneiderte Kochboxen anbietet. Durch gezieltes Online-Marketing und die Nutzung von Influencern auf Social-Media-Plattformen wie Instagram und Facebook konnte das Unternehmen in über zehn Ländern expandieren.

Kundenservice und Support

Um Kunden in verschiedenen Ländern zufriedenzustellen, muss das Unternehmen einen internationalen Kundenservice und Support bieten. Dazu gehören

- Mehrsprachiger Support: Einrichtung eines Kundensupports in den jeweiligen Landessprachen.

- Lokale Telefonnummern und Kontaktmöglichkeiten.

Unterschätzen Sie diesen Aspekt der Lokalisierung auch im Online-Handel nicht. Kunden fühlen sich wohler, wenn sie wissen, dass sie im Fall der Fälle in ihrer Muttersprache Kontakt mit einer Firma aufnehmen können. Eine gute Lösung im Bereich E-Commerce besteht häufig darin, einen Chatbotservice mit entsprechender Sprachunterstützung in die Website zu integrieren. Eine Chatbot-Unterstützung ist sicherlich nicht perfekt für den Kunden, vermittelt aber ein gewisses Maß an Hinwendung, hilft in vielen Fällen tatsächlich und hält sich von der Kostenseite her in Grenzen.

Beispiele für erfolgreiche E-Commerce-Firmen

Nachfolgend sind einige Beispiele von mittelständischen Unternehmen aus Deutschland, die über E-Commerce erfolgreich ins Ausland expandiert sind, näher ausgeführt:

Spreadshirt ist ein Online-Marktplatz, auf dem Nutzer individuelle T-Shirts und andere Bekleidungsstücke gestalten und verkaufen können. Das in Leipzig gegründete Unternehmen hat seinen Erfolg auf internationaler Ebene ausgebaut, indem es seine Plattform auf Englisch, Französisch, Spanisch und vielen weiteren Sprachen anbietet. Spreadshirt hat mittlerweile mehrere Produktionsstätten in Europa und Nordamerika, um den internationalen Versand zu optimieren.[13]

MyMuesli ist ein Anbieter von individualisierbaren Müslis und verwandten Produkten. Gegründet in Passau, hat das Unternehmen seinen Online-Shop in verschiedene europäische Länder ausgeweitet, darunter Österreich, die Schweiz, die Niederlande, Schweden und Großbritannien. MyMuesli hat seine Produktpalette und sein Angebot an Zahlungsmethoden und Lieferoptionen angepasst, um den verschiedenen Zielmärkten gerecht zu werden.[14]

Zalando ist ein Online-Modehändler, der ursprünglich in Berlin gegründet wurde. Das Unternehmen hat sich schnell zu einem der größten Modehändler in Europa entwickelt, mit Präsenz in zahlreichen Ländern wie Frankreich, Italien, Spanien, und Großbritannien. Durch gezielte Marketingkampagnen und eine lokalisierte Website-Struktur hat Zalando den E-Commerce-Markt in verschiedenen Ländern erfolgreich erschlossen.[15] Die Gründer hinter Zalando – die drei Brüder Alexander, Oliver und Marc Samwer – stellen geradezu Musterbeispiele für die internationale Expansion von Internet-Geschäftsmodellen dar.

Motto: Ein Online-Business, das in einem Land funktioniert, lässt sich mit vergleichsweise geringen Anpassungen auch in (beinahe) jedem anderen Land hochziehen.[16]

Ritter Sport, ein deutscher Schokoladenhersteller, hat über seinen Online-Shop eine internationale Präsenz aufgebaut. Das Unternehmen verkauft seine Produkte direkt an Kunden in Europa, Nordamerika und Asien und passt seine Website und Verpackung an die jeweiligen Märkte an. Durch die Nutzung von E-Commerce hat Ritter Sport seine Schokolade einem breiteren Publikum zugänglich gemacht.[17]

Cyberport ist ein deutscher Elektronikfachhändler, der seine Produkte über einen Online-Shop vertreibt. Das Unternehmen hat seine Präsenz auf dem europäischen Markt erweitert und bietet seine Produkte in Österreich, der Schweiz und weiteren europäischen Ländern an. Durch gezieltes Online-Marketing und die Anpassung des Produktangebots an die Bedürfnisse der jeweiligen Zielgruppen hat Cyberport seine internationale Reichweite erhöht.[18]

Diese Beispiele zeigen, dass mittelständische, deutsche Unternehmen über E-Commerce erfolgreich ins Ausland expandieren können, indem sie ihren Online-Shop an die jeweiligen Zielmärkte anpassen, in Online-Marketing investieren und einen effizienten Kundenservice bieten.

Der große Sprung über den Atlantik

Der Markteintritt in die USA gilt bei deutschen Mittelständlern als besonders riskant – und da ist natürlich auch etwas dran. Aber E-Commerce kann eine gute Brücke über den Atlantik sein, um einerseits im US-Markt Fuß zu fassen, und andererseits die damit verbundenen Kosten und Risiken in Grenzen zu halten.

Sehen wir uns kurz zwei Beispiele an (neben dem schon erwähnten Spreadshirt):

Storck Bicycle (Deutschland): Storck Bicycle ist ein weiterer deutscher Fahrradhersteller, der sich auf leichte und leistungsstarke Fahrräder spezialisiert hat. Das Unternehmen hat seinen E-Commerce-Auftritt in den USA erfolgreich ausgebaut, indem es eine lokalisierte Website, einen auf den US-Markt zugeschnittenen Kundensupport und effiziente Versandlösungen angeboten hat. Storck Bicycle hat in den USA eine Nische in der Radsportgemeinschaft gefunden und seine Produkte an den Bedürfnissen amerikanischer Radfahrer ausgerichtet.[19]

Montredo (Deutschland): Montredo ist ein Online-Händler für Luxusuhren mit Sitz in Berlin. Das Unternehmen hat seine Präsenz auf dem US-Markt erfolgreich ausgebaut, indem es eine große Auswahl an hochwertigen Uhrenmarken anbietet und dabei auf transparente Preise und einen zuverlässigen Kundenservice setzt. Montredo bietet in den USA einen speziellen Versandservice und einen englischsprachigen Kundensupport, um den Bedürfnissen amerikanischer Kunden gerecht zu werden.[20]

Also: Keine Angst vor dem US-Markt. Aber prüfen Sie intensiv, ob der Online-Einstieg nicht der beste Weg dorthin ist.

Ist es das wert?

Nun, angesichts meines Hintergrunds – Unternehmen bei der Internationalisierung zu beraten und auf Wunsch als Interim Manager auch selbst Hand anzulegen – würden Sie erwarten, dass ich diese Frage mit einem klaren „Ja“ beantworte. In Wirklichkeit ist die Antwort jedoch mehr als ein einfaches „Ja“ oder „Nein“.

Drei-Punkte-Plan zur Internationalisierung

Erstens muss, wie bereits erwähnt, der Wunsch der Unternehmensleitung vorhanden sein, das Geschäft außerhalb des bestehenden Heimatmarktes zu entwickeln, zu erforschen und auszubauen. Ohne diesen grundlegenden Wunsch hat das Projekt keinerlei Aussicht auf Erfolg und es ist wahrscheinlich besser, gar nicht erst damit zu beginnen. Als Aufsichtsrat oder Beirat sollten Sie diesem Aspekt ein besonderes Augenmerk schenken. So verlockend die Chancen einer Internationalisierung sein mögen; diese wird nur gelingen, wenn der Vorstand bzw. die Geschäftsleitung dafür bereits und geeignet sind. Möglicherweise ist das ein guter Grund für eine personelle Erweiterung der Chefetage.

Zweitens sollte eine Firma, die sich international ausrichtet, einen langen Atem haben. Denken Sie daran, dass der Markt nicht auf Sie wartet und dass die Konkurrenten in Ihrer Abwesenheit schon fleißig waren und es daher wahrscheinlich ist, dass sie Ihnen in der ersten Phase des Markteintritts das Leben nicht leicht machen.

Sie müssen einen soliden Plan erstellen, der auf realistischen Annahmen beruht, und Sie sollten darauf vorbereitet sein, dass es sowohl Rückschläge als auch Erfolge geben wird. Ihr Geschäftsplan muss validierte Markttrends, Informationen über Mitbewerber (einschließlich Stärken und Schwächen), Preisgestaltung, Einzelheiten über angestrebte Geschäftspartner, Ressourcen, Investitionen und so weiter berücksichtigen. Außerdem benötigen Sie eine klare Strategie für die Markteinführung.

Drittens sollten Sie in unabhängige und lokale Finanz- und Rechtsberatung investieren, bevor Sie vertragliche Verpflichtungen eingehen. Betrachten Sie diese Ausgaben als Investition, denn ein einziger Fehler in diesem Bereich kann sehr kostspielig sein.

Gute Chancen auf ein „neues“ Unternehmen

Wenn Sie die drei oben genannten Punkte erfüllen, haben Sie gute Chancen, Ihr neues Unternehmen zum Erfolg zu führen, aber es wird wahrscheinlich Zeit brauchen und es mag Rückschläge geben. Sie haben dann ein neues Unternehmen aufgebaut, das Ihnen künftig Erträge bescheren wird und gleichzeitig mehrere Vorteile bietet. Sie erhalten insgesamt mehr Stabilität für Ihr Unternehmen (Sie legen nicht alle Eier in einen Korb). Sie erzielen größere Skaleneffekte bei den Zulieferern (Verbesserung Ihrer Rentabilität). Sie bereichern die Erfahrungen Ihrer Teams und eröffnen neue Möglichkeiten. Sie erweitern die Reichweite Ihrer Marke und steigern den Wert Ihrer Marke effektiv.

Internationales Recruiting

In diesem Kapitel will ich einen bislang noch gar nicht angesprochenen Aspekt der Internationalisierung ins Spiel bringen: die aktuelle Personalsituation in Deutschland und wie das Hereinholen ausländischer Fach- und Führungskräfte dabei helfen kann, die hiesigen Engpässe abzumildern.

Um die Auswirkungen der personellen Mangelsituation zu beleuchten, empfiehlt es sich, erst einmal einen Blick auf die aktuelle Lage in Deutschland zu werfen und zu verstehen, warum viele in diesem Zusammenhang von Krisenzeiten sprechen.

„Schweizer Verhältnisse“ in Deutschland

Unser Pflegesystem kollabiert! Operationen werden verschoben, Einrichtungen geschlossen, die Grundpflege, speziell im ländlichen Raum, ist mehr als gefährdet.[21] Gaststätten, Hotels und Restaurant schließen, Essen gehen oder im Hotel übernachten wird zum raren Luxusgut und wir etablieren „Schweizer Verhältnisse“ in Deutschland.[22]

Unsere Mobilität setzt funktionierende Systeme mit ausreichend Personal in der Passagier- und Gepäckabwicklung sowie an den Sicherheitsschleusen voraus. Personal, das nicht verfügbar ist, und uns somit in unserer Mobilität einschränkt mit der Konsequenz, dass Reisen teurer wird, Termine nicht stattfinden und Totzeiten länger werden.[23]

Unsere Kernindustrien liegen am Boden. Ingenieure, Fach- und Führungskräfte fehlen; die Führungsposition, die Deutschland lange innehatte, geht an andere Marktteilnehmer: made in

Germany verwässert. Handwerker sind nicht oder nur mit extremen Vorlaufzeiten verfügbar, gleichzeitig sterben flächendeckend Handwerksbetriebe.[24]

Wie konnte es so weit kommen? Nun, es ist kein Geheimnis, dass sich die geburtenstarken Jahrgänge der sechziger Jahre mittlerweile auf den wohlverdienten Ruhestand vorbereiten. Es ist ebenfalls kein Geheimnis, dass die Arbeitsbedingungen speziell in den Heil- und Pflegeberufen fordernd sind und die Vergütung nicht dazu motiviert, in diesen Bereich zu wechseln.

Derzeit fehlen rund 1,5 Millionen Fach- und Führungskräfte, davon allein 500.000 im Gesundheitswesen. Die Lücke wird voraussichtlich jährlich um rund 500.000 Personen wachsen. Bis zum Ende des Jahrzehnts wird der Bedarf somit auf rund fünf Millionen ansteigen und weiterwachsen.[25]

Covid hat in den letzten Jahren dazu geführt, dass sich Mitarbeiter neu orientieren und ihre angestammten Tätigkeiten zugunsten krisensicherer Branchen aufgeben. Es scheint, dass Tausende von Mitarbeitern einfach verschwunden sind.

Die Pandemie hatte zweifellos den größten Einfluss auf die Art und Weise, wie wir unsere Arbeit verrichten. Unternehmen mussten sich radikal verändern und anpassen oder verschwanden vom Markt. Von einem Tag auf den anderen wurde Heimarbeit (WFH, also Work from Home) anstelle von Präsenzarbeit im Büro in fast allen Branchen zur Regel. Infrastrukturen und Prozesse mussten angepasst werden, um effizient arbeiten zu können, Videokonferenzen ersetzten persönliche Meetings, Dienstreisen fielen weg. Die Anforderungen haben sich nachhaltig verändert. Plötzlich waren andere Fähigkeiten der Mitarbeiter gefragt, vor allem eigenverantwortliches und eigenmotiviertes Handeln.

Zudem scheinen sich die internen Machtverhältnisse vom Arbeitgeber zum Arbeitnehmer verschoben zu haben. Angemessene Bezahlung und Flexibilität werden vorausgesetzt, umfangreiche Zusatzleistungen und Boni erwartet und angeboten.

Work-Life-Balance, Home-Office – wichtige und auch richtige Trends, aber nicht wirklich hilfreich, um den krisengeschüttelten Branchen mit den vorhandenen Ressourcen neues Leben einzuhauchen.

Deutschland wäre nicht Deutschland, wenn wir nicht eine umfangreiche Bürokratie und detaillierte Regelungen für alle Bereiche des täglichen und vor allem des beruflichen Lebens hätten. Nicht darauf ausgerichtet, schnell und flexibel auf aktuelle Bedürfnisse zu reagieren.

Der Fairness halber darf nicht unerwähnt bleiben, dass sich die Politik bemüht, das Thema in allen Gesellschaftsschichten zu verankern und Lösungsansätze zu diskutieren.

Hier sind die Ziele zu nennen, die Einreiseformalitäten zu vereinfachen, die doppelte Staatsbürgerschaft zu ermöglichen, Anerkennungsverfahren zu vereinfachen und bürokratische Hürden abzubauen.

Die Diskussion ist richtig und wichtig, die Umsetzung aber schwierig und langwierig.

Der Bedarf hat sich mittlerweile in allen Branchen, in allen Unternehmen und dort auf allen Ebenen manifestiert.

Allen voran die Bereiche Health Care, Aviation Security, Hospitality und Construction, aber auch unsere Kerndisziplinen wie Automotive, Automation und Engineering.

Hier brauchen wir Spezialisten sowie Fach- und vor allem Führungskräfte. Egal, welchen Schlüssel man zum Ansatz bringt, bei derzeit 1,5 Millionen fehlen uns mindestens 150.000 Entscheider.

Ein Blick auf andere Länder

Bevor wir Lösungsansätze aufzeigen, werfen wir einen Blick auf andere Länder und analysieren, wie sie mit diesen Herausforderungen umgehen. Ein gutes Beispiel sind die Vereinigten Arabischen Emirate (VAE). Ich kenne sie gut, weil ich fast sieben Jahre in den VAE gelebt und gearbeitet habe und immer noch regelmäßig geschäftlich dort bin.

Die Vereinigten Arabischen Emirate sind ein Zusammenschluss der sieben Emirate Dubai, Abu Dhabi, Sharjah, Fujairah, Ras Al Khaimah, Ajman und Umm Al-Quwain. Seit ihrer Gründung im Jahr 1971 haben die VAE durch Expansion und Diversifizierung ein beachtliches Wirtschaftswachstum erzielt. Damit gehören die VAE zu den leistungsstärksten Ländern der MENA-Region und sind einer der attraktivsten Standorte für die Ansiedlung internationaler Unternehmen, die den Bedarf an Produkten und Dienstleistungen in der Region decken.

Wie schafft es ein Land mit knapp einer Million Emiratis, zu einer der führenden Wirtschaftsnationen der Region aufzusteigen und sich als Dienstleistungsparadies zu etablieren?

Politische Stabilität, eine liberale Wirtschaftspolitik und eine hervorragende Infrastruktur machen die VAE und insbesondere Dubai für ausländische Investoren äußerst attraktiv. Darüber hinaus vereint die Region strategische Vorteile als geographische Schnittstelle zwischen Ost und West und als Finanzzentrum.

Erfolgreiche, wirtschaftliche Diversifizierung und weitere Investitionsanreize in Form von Steuerbefreiungen, Niedrigzollpolitik, Freihandelszonen, ungehinderter Kapital- und Gewinntransfer, Koppelung der VAE-Währung (Dirham-AED) an den US-Dollar, moderne Gesundheits- und Bildungssysteme, weitgehende soziale und religiöse Toleranz schaffen ein attraktives Umfeld und garantieren einen hohen Lebensstandard.

Heute leben rund zehn Millionen Menschen in den VAE. Knapp eine Million sind Emiratis, zwei Millionen kommen aus Europa und Amerika, eine Million aus Russland und rund sechs Millionen aus Indien, Bangladesch, Pakistan und den Philippinen.

Die VAE haben früh erkannt, dass nur eine gezielte und kontrollierte Anwerbung aus dem Ausland die gesteckten Ziele erreichen kann.

Man hat die Aufenthaltserlaubnis an die Arbeitserlaubnis, also an einen Arbeitsplatz, gekoppelt und damit sichergestellt, dass nur derjenige ein Aufenthaltsrecht hat, der auch einen Arbeitsplatz hat.

Verliert man diesen Arbeitsplatz, muss man die Emirate innerhalb von vier Wochen verlassen.

Ein schier unerschöpflicher Strom von Arbeitskräften aus Asien, Indien und Afrika hält die gesamte Wirtschaft und Infrastruktur am Laufen.

Die Bedingungen, die in den VAE geboten werden, sind deutlich besser als in den Heimatländern und ermöglichen es den Arbeitern, ihren Familien in der Heimat einen Lebensstandard zu bieten, der sonst nicht möglich wäre. Unterkunft, Verpflegung, medizinische Versorgung und Flugtickets für den jährlichen Besuch im Heimatland werden übernommen.

Lösungsempfehlungen

Das System der VAE kann sicher nicht eins zu eins übernommen werden, aber es gibt Dinge, die wir lernen und umsetzen können.

Die Standards in den VAE mögen für europäische Verhältnisse ungewohnt oder sogar inakzeptabel sein, aber wer sind wir schon, um der Welt zu erklären, was richtig und falsch ist und wie man zu leben hat.

Fakt ist, dass die Standards in den VAE besser sind als in den Heimatländern und die hier arbeitenden Expatriates in der Lage sind, ihre Familien in der Heimat zu unterstützen und deren Lebensstandard deutlich zu verbessern.

Ich möchte nicht behaupten, dass ich den alleinigen Schlüssel zur Lösung all unserer Personalprobleme habe, aber ich denke, dass es zwei Ansätze gibt, die wir auf jeden Fall in Betracht ziehen müssen und die von der Kanzlei gutowski & milner, deren Partner zu sein ich die Ehre habe, bereits aktiv umgesetzt werden.

Erstens: Deutschland muss ein Einwanderungsland werden. Hier ist vor allem die Politik gefordert, die entsprechenden Weichen zu stellen und die Regeln fair und transparent zu gestalten.

Sie sollte sich ein Beispiel an den VAE nehmen und ein System schaffen, in dem ein vorhandener Arbeitsplatz der Schlüssel zur Aufenthaltserlaubnis ist.

Wir müssen aufhören, uns der Welt als moralischer Kompass zu präsentieren und dem Rest der Welt zu erklären, wie sie zu leben hat.

Unterbringungs- und Versorgungsstandards, natürlich immer im Einklang mit geltendem Recht, sollten so optimiert werden, dass sie den Bedürfnissen der Arbeitnehmer, aber auch der Unternehmen gerecht werden.

Zweitens ist die internationale Anwerbung einer der Lösungsansätze, die wir dringend verfolgen sollten. Die Rekrutierung in Ländern, in denen vergleichbare Ausbildungen und Qualifikationen vorhanden sind, verdient dabei unsere besondere Aufmerksamkeit.

Aus meiner Sicht spricht nichts dagegen, Fachkräfte aus Asien, Afrika oder Indien anzuwerben. Sie sind in der Regel hervorragend qualifiziert und sprechen unsere Sprache ausreichend gut.

Viel wichtiger ist, dass wir mit einer Beschäftigung in Deutschland eines unserer drängendsten Probleme lösen und den Familien unserer neuen Kolleginnen und Kollegen in ihren Heimatländern ein deutlich besseres Leben ermöglichen.

Wir können unseren Bedarf über internationales Recruiting decken, müssen aber dafür sorgen, dass die Regularien für die Bewerber deutlich einfacher und vor allem die Durchlaufzeiten deutlich schneller werden.

Wie gehen wir mit dem Bedarf an Führungskräften um, wer leitet die neuen Kolleginnen und Kollegen an, wer führt die Bereiche, wer trifft die Entscheidungen und füllt die Lücken, bis die entsprechenden Ressourcen intern wieder aufgebaut und etabliert sind?

Die Lösung liegt aus meiner Sicht eindeutig im Interim Management. Dem Markt, also allen Branchen und Segmenten, stehen mehrere tausend Spezialisten zur Verfügung, die gerne bereit sind, ihr Wissen und ihre Erfahrung einzubringen, um entsprechende Projekte zu betreuen und umzusetzen sowie temporäre Lücken zu überbrücken.

Wie internationales Recruiting funktioniert

Beim internationalen Recruiting ist ein entsprechendes Netzwerk Grundvoraussetzung für den Erfolg. Lokale, erfahrene und etablierte Partner in den entsprechenden Herkunftsländern der Kandidaten, betreut von einem Netzwerk-Management in den VAE und in engem Kontakt mit Agenturen und Unternehmen in den Zielländern, garantieren eine optimale Kommunikation und Umsetzung. Netzwerk-Management in den VAE garantiert, von der jahrzehntelangen Erfahrung im Internationalen Recruiting zu profitieren und vorhandene Netzwerke in die Herkunftsländer optimal nutzen zu können.

Anders als beim lokalen Recruiting spielt beim internationalen Recruiting das so genannte Onboarding eine zentrale Rolle. Dies startet bereits bei der Unterstützung zur Anerkennung von Berufsabschlüssen, der Beantragung des Visums, der Abholung am Flughafen und der Hilfestellung bei Erledigungen des täglichen Lebens wie Wohnung finden, Einkaufen gehen, Handyvertrag abschließen und Ähnlichem, und reicht bis hin zur Integration im Unternehmen, aber auch in privaten Verbindungen und Vereinen.

Aktuell rekrutieren wir in einem meiner Unternehmen Fachkräfte für die Bereiche Health Care und IT in Indien und sind dabei, das Recruiting auf andere Herkunftsländer wie zum Beispiel die Philippinen sowie auf andere Regionen wie Afrika und Südamerika auszuweiten und diesen Service auch für die anderen genannten Industrien zugänglich zu machen.

Gemeinsam mit unseren Partnern vor Ort stellen wir einen reibungslosen Ablauf und ein erfolgreiches Onboarding sicher, denn Deutschland muss für die Kandidaten zur zweiten Heimat werden.

Einwanderungsland für Fach- und Führungskräfte

Wir sollten Deutschland zu einem Einwanderungsland machen und uns Fach- und Führungskräfte aus aller Welt sichern. Nur so können wir unsere globale Spitzenposition halten und weiter ausbauen.

Internationales Recruiting und Interim Management sind dabei die Schlüssel zum Erfolg. Jede Branche, jedes Segment, jedes Unternehmen und jede Institution ist gut beraten, sich intensiv und vor allem zeitnah mit diesen Themen zu beschäftigen.

Was beim Hereinholen zu beachten ist

Beim Hereinholen ausländischer Fach- und Führungskräfte nach Deutschland sind verschiedene Aspekte zu berücksichtigen, um einen reibungslosen Ablauf und eine erfolgreiche Integration zu gewährleisten. Nachfolgend sind die wichtigsten

Punkte genannt, die es zu beachten gilt und die Sie „Ihrem“ Vorstand bzw. „Ihrer“ Geschäftsführung auf den Weg geben sollten:

- Rechtliche Rahmenbedingungen: Stellen Sie sicher, dass die ausländischen Fachkräfte alle erforderlichen Visa und Arbeitserlaubnisse erhalten. Informieren Sie sich über den Blue Card-Antrag, der für hochqualifizierte Fachkräfte vorgesehen ist, sowie über andere relevante Aufenthaltstitel.[26]

- Sprachkenntnisse: Deutschkenntnisse sind für die meisten Fach- und Führungskräfte essenziell. Bieten Sie Sprachkurse oder andere Unterstützungsmöglichkeiten an, um ihnen beim Erlernen der deutschen Sprache zu helfen.

- Anpassung an die Unternehmenskultur: Eine erfolgreiche Integration in das Unternehmen erfordert, dass sich ausländische Fach- und Führungskräfte an die lokale Unternehmenskultur anpassen. Bieten Sie interkulturelle Trainings und Mentorship-Programme an, um ihnen bei der Anpassung zu helfen.

- Wohnsituation: Unterstützen Sie die ausländischen Fachkräfte bei der Suche nach einer geeigneten Wohnung und bieten Sie Informationen über die lokale Infrastruktur, wie öffentliche Verkehrsmittel, Schulen und Freizeitmöglichkeiten.

- Soziale Integration: Fördern Sie den Kontakt zwischen den ausländischen Mitarbeitern und ihren deutschen Kollegen, um Freundschaften und Netzwerke aufzubauen. Organisieren Sie Veranstaltungen und Aktivitäten, die den interkulturellen Austausch fördern.

- Familienunterstützung: Berücksichtigen Sie die Bedürfnisse der Familie, wenn Sie ausländische Fach- und Führungskräfte nach Deutschland holen. Bieten Sie Hilfe bei der Organisation von Schulen und Kinderbetreuung für die Kinder und unterstützen Sie die Partner bei der Arbeitssuche.

- Steuer- und Sozialversicherungsfragen: Informieren Sie die ausländischen Mitarbeiter über das deutsche Steuer- und Sozialversicherungssystem und unterstützen Sie sie bei der Anmeldung und Einhaltung der gesetzlichen Vorschriften.

- Weiterbildung und berufliche Entwicklung: Bieten Sie ausländischen Fach- und Führungskräften Möglichkeiten zur beruflichen Weiterentwicklung und Karriereplanung innerhalb des Unternehmens.

- Planen Sie den Einsatz ausländischer Fach- und Führungskräfte in deren Heimatländern. Beispiel: Wenn „Ihre" Firma nach Asien expandieren will, stellen Sie eine neue Kollegin oder einen Kollegen in Singapur an, die/der dort bleibt und sich von dort aus um „Ihre" geschäftlichen Angelegenheiten kümmert.

Wenn Sie diese Aspekte berücksichtigen bzw. „Ihrem" Vorstand" resp. „Ihrer" Geschäftsführung als „Hausaufgaben" aufgeben, werden wesentliche Voraussetzungen für eine erfolgreiche Integration ausländischer Fach- und Führungskräfte in „Ihrem" Unternehmen geschaffen.

Aber: Wenn Sie es mit einer Firmenleitung zu tun haben, die „sowieso" immer alles besser weiß, einen Markt aufgrund persönlicher Urlaubserfahrungen abschätzt und fest davon überzeugt ist, dass ihr die eigene Produktpalette ohne weiteres Zutun ohnehin aus den Händen gerissen wird und die Kosten für „Rechtsverdreher" per se für herausgeschmissenes Geld hält – dann sollten Sie in Sachen Internationalisierung eher auf die Bremse treten.

Bedenken Sie: Ein guter Aufsichtsrat oder Beirat zeichnet sich unter anderem dadurch aus, dass er weiß, wann es gut ist, Vollgas zu geben, aber auch, wann eine Vollbremsung besser ist.

Persönliche Erfahrungen

Im Laufe des Textes sind an vielen Stellen schon sehr persönliche Erfahrungen eingeflossen. Im Folgenden möchte ich diese durch die Darlegung wichtiger Begriffe und Usancen ergänzen, die Ihnen möglicherweise noch nicht geläufig sind, die aber im Ausland von enormer Bedeutung sein können.

Drinking Soldier – ein jüngerer Angestellter, der seinen Chef vor Alkoholexzessen schützt. Der Drinking Soldier hat die Aufgabe, die Getränke zu konsumieren, die ursprünglich seinem Chef zugeteilt wurden, und so dafür zu sorgen, dass der Chef am nächsten Morgen in besserer Verfassung ist.

Gemeinsames Nickerchen oder zweites Kopfkissen

Gemeinsames Nickerchen – eine Zeit, in der die Büroangestellten an ihren Schreibtischen ein Nickerchen machen. Dies ist in Asien üblich, wo man buchstäblich das ganze Büro in der Mittagspause für 15 bis 30 Minuten an seinem Schreibtisch schlafen sieht. Wenn man dies zum ersten Mal erlebt, ist es etwas befremdlich, wenn es sich etwa die Verhandlungsdelegation des Geschäftspartners nach dem gemeinsamen Mittagessen im Büro bzw. Konferenzraum derart gemütlich macht. Meine Empfehlung: Machen Sie mit und nutzen Sie die Zeit einfach für einen Powernap.

Sitzplan (Besprechung, Abendessen und so weiter) – dies ist ein sehr komplexer Vorgang, insbesondere in einigen asiatischen Kulturen. Meine klare Empfehlung: Warten Sie, bis Ihnen der Gastgeber Ihren Platz zuweist.

Vermeiden von Gesichtsverlust – einige westliche Gewohnheiten werden in anderen Kulturen möglicherweise nicht geschätzt oder haben eine völlig andere Bedeutung. Die Zeit, die man in die Vorbereitung einer Reise investiert, ist daher sehr gut angelegt.

Keine Überraschungen – in Asien besteht im Allgemeinen der Wunsch, dass eine Entscheidung bereits vor dem Treffen getroffen wird, so dass das Treffen zu einer Art „Absegnung“ wird. Dies ist für die Führungsebene sehr wichtig und steht im Zusammenhang mit der Vermeidung von Gesichtsverlusten.

Persönliche Einladungen – in den USA und in Großbritannien ist es üblich, dass man zu jemandem nach Hause eingeladen wird, auch wenn man ihn gerade erst kennengelernt hat, aber in Wirklichkeit handelt es sich dabei nur um eine Höflichkeitsgeste und nicht um eine echte Einladung. Der Gastgeber wird sehr überrascht sein, wenn Sie ihn beim Wort nehmen und kommen.

Unterhaltung nach dem Essen – anders als in den USA kann in Asien die Zeit, die Sie mit Ihrem Gastgeber nach dem Essen verbringen, sehr wichtig sein. In vielen Fällen findet das eigentliche Treffen am Abend statt, während des Essens und der Getränke. Deshalb sollten Sie auf keinen Fall eine Einladung zum Essen und Trinken mit Ihrem Gastgeber ablehnen.

Zweites Kopfkissen – eine manchmal gestellte Frage an der Rezeption, die sich eigentlich nicht auf zusätzliches Bettzeug bezieht, sondern eher die asiatische Art ist, dafür zu sorgen, dass Sie sich im Ausland nicht einsam fühlen.

Alkohol (Können Sie trinken?) – dies ist Teil der „Unterhaltung“ nach dem Essen, und in Asien ist es üblich, dass Alkohol serviert und erwartet wird, dass er während der Abendaktivitäten konsumiert wird. Wenn Sie keinen Alkohol trinken, ist es wahrscheinlich am besten, wenn Sie Ihren eigenen „Trink-Soldaten“ mitbringen.

Hierarchien – es ist äußerst hilfreich, die verschiedenen Ebenen im Voraus zu kennen, da das Verhalten der Mitglieder der verschiedenen Gruppen von Land zu Land und von Kultur zu Kultur völlig unterschiedlich ist.

Fluggesellschaften, Flughäfen, Lounges – versuchen Sie, wo immer möglich, direkt zu fliegen, sammeln Sie Punkte, verbessern Sie Ihren Kunden-„Status“ und versuchen Sie zu schlafen, wann immer es möglich ist.

Hotels – versuchen Sie, sich an international anerkannte Hotelketten zu halten, weil Sie dann wahrscheinlich weniger Überraschungen erleben werden. Denken Sie daran, dass eine Geschäftsreise kein Urlaub ist und daher Qualitäten wie ein ruhiges Zimmer, eine zentrale Lage und eine saubere Dusche eine höhere Priorität haben als sonst.

Restaurants – die Nutzung guter Restaurants als Teil des Beziehungsaufbaus ist meiner Erfahrung nach von entscheidender Bedeutung. Sie können ein hervorragender Ort für Geschäftstreffen sein und einen neutralen Ort für die Abwicklung von Geschäften bieten. In Anbetracht der Tatsache, dass Essen und Trinken für uns alle essenzielle Aktivitäten sind, ist dies ein sehr guter Weg, um Barrieren abzubauen und eine gemeinsame Erfahrung zu schaffen.

Trinkgeld – das hängt sehr stark von der Region ab. In Europa variiert es von Null in Frankreich bis zu 10 bis 15 Prozent in Großbritannien, in einigen Ländern des Nahen Ostens wird es sogar als beleidigend angesehen, während es in den USA Pflicht ist. Ich empfehle Ihnen daher dringend, sich vorab zu erkundigen, ob und wieviel Trinkgeld man am besten gibt.

Schweinefleisch, Rundtafel und ein Leopard

Eine Art Schweinefleisch – die chinesische Standardantwort auf die Frage, welche Speisen auf dem Tisch stehen. Unsere Empfehlung: Probieren Sie, was immer vor Ihnen steht, und essen Sie weiter, wenn es Ihnen schmeckt, oder hören Sie auf, wenn es Ihnen nicht schmeckt, aber machen Sie sich nicht zu viele Gedanken über die Herkunft des Essens, denn vielleicht gefällt Ihnen die Antwort nicht.

Bei der chinesischen Rundtafel gehört es zum guten Ton, dass der Gastgeber Ihnen aus den für alle servierten Töpfen etwas auf Ihren Teller legt, Sie also bedient, bevor die Platte in der Mitte des Tisches weitergedreht wird. Er wird Sie unauffällig, aber ganz genau beobachten, ob Sie die von ihm aufgelegte Speise zu sich nehmen – oder nicht. Meine Erfahrung: Wenn Sie die Ihnen sozusagen aufgezwungene Speise hin und wieder an den Tellerrad schieben, wird Ihr Gastgeber darauf achten, Ihnen davon nicht nachzulegen. Umgekehrt versorgt er Sie mit allem, was Sie offensichtlich mit Genuss zu sich nehmen. Sie steuern also selbst, womit Sie bedient werden – nicht durch Sprache, sondern durch Ihr Verhalten.

Essstäbchen – wenn sie benutzt werden, dann richtig. Spielen Sie nicht mit ihnen, reiben Sie sie nicht aneinander und benutzen Sie Ihre Stäbchen nicht, um andere zu bedienen (obgleich Ihnen das häufig von Seiten eines asiatischen Gastgebers passieren wird). Wenn Sie sich unsicher sind, benutzen Sie normales Besteck.

Golf – die wahre Art, jemanden kennenzulernen. Niemand kann seine wahre Persönlichkeit vier Stunden und 18 Löcher lang auf dem Golfplatz verstecken. Sie werden Ihren Geschäftspartner viel besser kennenlernen, wenn Sie die erste Runde mit ihm oder ihr gespielt haben.

Startzeiten für Meetings – die akzeptable Toleranz für den Beginn eines Meetings ist sehr groß und reicht je nach Kultur und Region von ganz genau bis zu mehreren Stunden Verspätung. Wir raten Ihnen, immer pünktlich zu sein, aber auch Verständnis dafür zu haben, dass sich Ihr Gastgeber verspäten kann, lassen Sie sich von Ihrem Gastgeber leiten.

Speichern Sie Ihre Energie (verhalten Sie sich wie ein Leopard) – wenn Sie durch mehrere Zeitzonen reisen, werden Sie müde und möglicherweise desorientiert bzw. von Ihrer regulären Zeituhr entfernt sein. In solchen Situationen ist es wichtig, dass Sie Ihre Energie für die wichtigen geschäftlichen Momente reservieren (wie ein Leopard, bevor er sich auf seine Beute stürzt).

Machen Sie das Beste aus Ihrer Zeit, ähnlich wie beim Reservieren Ihrer Energie – nutzen Sie Ihre Zeit, indem Sie mit so vielen Menschen wie möglich sprechen, alle Entscheidungsträger und Stakeholder kennenlernen und in die neue Kultur eintauchen. Die E-Mails können auf dem Rückflug bearbeitet werden.

Hören Sie nie auf, Kontakte zu knüpfen, machen Sie also das Beste aus Ihrer Zeit. Wenn Sie einen neuen Kontakt treffen, nehmen Sie dessen Visitenkarte sorgfältig entgegen und studieren Sie bewusst seine Angaben – nehmen Sie sich die Zeit, die Angaben zu lesen, und stellen Sie ruhig einige Fragen dazu.

Anschließend empfehle ich, die Daten systematisch in einer Kontaktdatenbank zu erfassen, einschließlich des Ortes und des

Kontextes des Treffens. Dies ist ein sehr wirkungsvolles Instrument, denn wenn Sie die Person das nächste Mal treffen, können Sie den Ort und den Kontext des vorherigen Kontakts kommentieren – Ihr Gesprächspartner wird erstaunt sein, wie gut Sie sich an diese Details erinnern können.

Werkzeuge für den Job – investieren Sie in ein zweites Ladegerät und Adapter für alle Ihre Geräte und bewahren Sie dieses zweite Set in Ihrer Reisetasche auf.

„Zertifizierter Aufsichtsrat & Beirat“

Für alle Leser, die über Zeit und Energie für noch ein oder zwei weitere Aufsichtsrats- oder Beiratsmandate verfügen und sich entsprechend positionieren wollen, ein augenfälliger Rat zum Schluss: Absolvieren Sie den Lehrgang „Zertifizierter Aufsichtsrat & Beirat“ an der Steinbeis Augsburg Business School“ und schreiben Sie genau das auf Ihre Visitenkarte: „Zertifizierter Aufsichtsrat & Beirat (Steinbeis Augsburg Business School)“. Sie werden erleben, wie Ihr Gegenüber bei jedem Austausch Ihrer Visitenkarte diese besonders genau studieren und in vielen Fällen darauf ansprechen wird.

Wenn Sie nun noch Mitglied im Diplomatic Council werden, können Sie Ihre Visitenkarte um „Diplomatic Council Trusted Member“ und sogar „Berater der Vereinten Nationen“ ergänzen.

Steinbeis gilt weltweit als eines der besten Markenzeichen für erfolgreichen, unternehmerischen Wissens- und Technologietransfer. Die Vereinten Nationen stellen geradezu den Inbegriff der Globalität auf höchstem Niveau.

Kombinieren Sie Steinbeis und die UNO

Erkennen Sie die Kombination auf Ihrer Visitenkarte? Also:

Zertifizierter Aufsichtsrat & Beirat (Steinbeis)
Berater der Vereinten Nationen (UNO)

Ein noch deutlicheres und dennoch dezentes Signal, in welcher Liga Sie spielen, können Sie kaum vermitteln. Natürlich funktioniert diese Titelkombination auch als Signatur in Ihrer E-Mail.

Man mag dieses „Titelspiel“ mit gemischten Gefühlen betrachten – aber es funktioniert.

Faktisch geht es natürlich keineswegs nur um Titel. Als zertifizierter Absolvent der Steinbeis Augsburg Business School verfügen Sie über ein profundes und vor allem praxisnahes Know-how, mit dem Sie jeden Aufsichtsrat und Beirat bereichern. Mit dem Diplomatic Council erhalten Sie Zugang zu einem globalen Kontaktnetz aus Botschaftern und C-Level-Führungskräften, das für Sie und „Ihr“ Unternehmen von hoher Bedeutung ist.

www.diplomatic-council.org/sabs

Die beiden Herausgeber des vorliegenden Buches stehen exemplarisch dafür: Dr. Harald Schönfeld und Andreas Renner gehören – genau wie ich – nicht nur zum Mitgliederkreis des Diplomatic Council, sondern sprechen – ebenso wie ich – für alle Kursabsolventen der Steinbeis Augsburg Business School auch eine klare Empfehlung aus:

www.diplomatic-council.org/sabs

Mit diesem Link endet mein Ratgeber für Aufsichtsräte und Beiräte. Es wäre schön, Sie einmal persönlich zu treffen, sei es bei der SABS (Steinbeis Augsburg Business School) oder beim DC (Diplomatic Council), wie beide Institutionen unter Insidern in der Regel abgekürzt werden.

Die Herausgeber

Dr. Harald Schönfeld

Dr. Harald Schönfeld, Diplom-Volkswirt, Universität Trier. Post-Graduate Zusatzstudium zum Thema „Innovationsmanagement“, Technische Universität Berlin. Promotion in Wirtschafts- und Sozialwissenschaften (Dr. rer. soc. oec.), Wirtschaftsuniversität Wien.

Nach dem Studium Karriere als angestellter Manager: Positionen im Marketing und Vertrieb, vor allem in großen, international tätigen Konzernen, insbesondere im Health Care-Bereich.

Der Herausgeber Dr. Harald Schönfeld gilt als langjähriger Insider und gut vernetzter Szene-Kenner im Markt für Interim Management Deutschland, Österreich und der Schweiz (DACH-Region). Er verfügt über rund 20 Jahre Erfahrung im Interim-Geschäft. Er war mehrere Jahre Vorstandsmitglied des AIMP (Arbeitskreis Interim Management Provider (www.aimp.de), ist Buchautor, Moderator und gefragter Redner bei Fachtagungen und Schulungen zum Thema Interim Management. Dr. Harald Schönfeld ist gemeinsam mit Jürgen Becker Gründer (2017) und Geschäftsführer der United Interim GmbH (www.unitedinterim.com), der führenden Online-Plattform für Interim Management in der DACH-Region. Als Gründer (2003) und Geschäftsführer des Interim Management Providers butterflymanager GmbH (www.butterflymanager.com) zählt er zudem zu den führenden Qualitäts-Vermittlern der Branche mit nationalen und internationalen Kunden.

Aufgrund dieser beinahe alle Branchen umfassenden herausragenden Marktexpertise und des damit verbundenen hochkarätigen Kontaktnetzes auf C-Level ist Dr. Harald Schönfeld schon seit langem ein begehrter Ansprechpartner für Vorstände, Geschäftsführer, Firmeninhaber, Aufsichtsräte, Verwaltungsräte und Beiräte.

Dr. Harald Schönfeld hält Vorträge, unter anderem als Keynote-Speaker, leitet Fachkonferenzen und ist Autor und Herausgeber mehrerer Fachbücher im Bereich Aufsichtsräte und Beiräte sowie Interim Management, unter anderem des Standardwerkes „Karriere-Handbuch für Interim Manager".

Ebenfalls ist er Herausgeber der Fachbuchreihen „Praxiswissen für Aufsichtsräte & Beiräte" und „Von Interim Managern lernen". Er ist aktives Mitglied und Autor im globalen Think Tank Diplomatic Council (DC) mit Beraterstatus bei den Vereinten Nationen (UNO). Darüber hinaus ist er als Kursleiter des Zertifikatskurses „Aufsichtsräte & Beiräte" sowie als Dozent für Interim Management an der Steinbeis Augsburg Business School engagiert.

Andreas Renner

Andreas Renner ist Academic Director und Geschäftsführer der Steinbeis Augsburg Business School. In dieser Position verantwortet er sowohl die akademische als auch die wirtschaftliche Entwicklung der renommierten Business School.

Er verfügt über langjährige Erfahrungen unter anderem bei KPMG WPG AG, ADAC und McCann Erickson und ist als Serial Entrepreneur tätig. So gründete er unter anderem The Giants Walk, eine Veranstaltungsserie, bei der Firmen nach jungen Talenten suchen, die mit ihnen gemeinsam eine unternehmerische Idee verwirklichen und daraus ein Startup gründen.

Andreas Renner verfügt über Qualifizierungen als Lehrtrainer Systemische Beratung, Certified Coach, NLP-Practitioner, BPS Certified Trainer, ITIL-Practitioner, SCRUM Master & Agile Coach sowie Certified Rating Analyst.

Als internationaler Berater mit Expertise in Positionierung, Vertrieb und Prozessautomatisierung unterstützte er bereits zahlreiche Dax-Konzerne und Familienunternehmen bei Optimierungsmaßnahmen und Sicherung der Ergebnisse.

Andreas Renner lehrt(e) in Berlin, Stuttgart / Hohenheim, Augsburg, Montabaur und Bamberg Business Modelling, Strategische Markenführung und Strategische Verhandlungsführung. Er ist Lehrtrainer für Systemische Beratung.

Er leitet Seminare, gibt Vorträge und berät in den Bereichen (digitale) Vertriebsoptimierung, strategische Verhandlungsführung, Beraterkompetenzen sowie Vertriebspsychologie.

Der Autor

Michael Gutowski ist Experte für Nachhaltigkeit, Business Transformation und Internationalisierung.

Nach beruflichen Stationen als CEO, Geschäftsführer und Vorstand ist er seit mehreren Jahren als Managing Partner der Beratungsgesellschaft gutowski & milner aktiv.

Er ist Autor sowie Co-Autor mehrerer Fachbücher und neben seiner Tätigkeit als Berater und Interim Manager engagierter Hochschuldozent.

Als zertifizierter ESG- und Sustainable Finance-Experte ist ein Schwerpunkt seiner Tätigkeit, Unternehmen, insbesondere aus dem Mittelstand, auf ihrem Weg in eine nachhaltige und Taxonomie konforme Zukunft zu begleiten.

Die zusätzliche Qualifizierung zum Zertifizierten Aufsichts- und Beirat ist dabei eines seiner Alleinstellungsmerkmale.

Die Entwicklung und erfolgreiche Implementierung von Strategien für Nachhaltigkeit, Business Transformation und Internationalisierung gehören für Michael Gutowski zu seinem Berufsalltag.

Er verfügt über nationale sowie internationale Erfahrung in Europa, Asien, Nordamerika und dem Mittleren Osten und ist darüber hinaus als Head of Mission UAE des globalen UNO

Think Tank Diplomatic Council für die Aktivitäten in den Vereinigten Arabischen Emiraten verantwortlich.

Dieses Buch hat er gemeinsam mit seinem Geschäftspartner Gary Milner erarbeitet. Ihre gemeinsame Firma gutowski & milner bietet sowohl Beratung als auch Interim Management Services mit klarem Fokus auf Nachhaltigkeit, Business Transformation und Internationalisierung.

In den Vereinigten Arabischen Emiraten (VAE), wo Michael Gutowski zum Zeitpunkt des Erscheinens dieses Werkes seinen Sitz hat, unterstützt gutowski & milner als Interim Management Provider vor allem deutschsprachige Unternehmen, die in der Region tätig sind.

In das vorliegende Buch hat er als Autor die Erfahrung aus allen seinen beruflichen Tätigkeiten einfließen lassen. Hierbei hat er sich getreu dem Motto „In der Kürze liegt die Würze" auf praxisnahe Aspekte konzentriert, die in der Fachliteratur entweder weniger Berücksichtigung finden oder umgekehrt ellenlang ausgewalzt werden. Michael Gutowski nimmt dabei vor allem den Blickwinkel des Aufsichtsrats und Beirats ein.

Kontaktdaten

Ras Al Khaimah, Vereinigte Arabische Emirate
Achern, Deutschland

Mobil UAE: +971 (0) 56 3888 180
Mobil D: +49 (0) 172 4625258

E-Mail: michael@gutowskiandmilner.com
Web: www.gutowskiandmilner.com

Bücher im DC Verlag

Fachbücher

Das Diplomatic Council (DC) veröffentlicht gemeinsam mit renommierten Institutionen Fachbücher, die auf ihren jeweiligen Fachgebieten anerkannte Standardwerke darstellen. Fallweise werden sie im Rahmen von UNO-Konferenzen vor den Vereinten Nationen weltweit vorgestellt. Gemeinsam mit der Steinbeis Augsburg Business School wird die Reihe „Praxiswissen für Aufsichtsräte und Beiräte“ und zusammen mit United Interim, der führenden Online-Plattform für Interim Manager, die Serie „Von Interim Managern lernen“ herausgebracht. Beide Reihen werden kontinuierlich um neue Themen erweitert. Bislang sind u.a. folgende Fachbücher erschienen:

Karriere-Handbuch für Interim Manager – Ein systematischer Leitfaden zum Erfolg als Freelancer im Management, Jürgen Becker, Dr. Harald Schönfeld, Prof. Dr. Günther Singer, 448 Seiten, Hardcover, ISBN 978-3-98674-042-9

Interim Manager berichten aus der Praxis: Automotive, Reihe „Von Interim Managern lernen“, Jürgen Becker, Ulf Camehn, Ludek Cermak, Hanno Goffin, Ralf-Peter Hanrieder, Dr. Dr. Stefan Hohberger, Andreas Kälber, Dr. Gerhard Müller-Spanka, Frank P. Neuhaus, Christine Pfisterer, Christian Ritzer, Dr. Harald Schönfeld, Jane Enny van Lambalgen, 404 Seiten, Paperback, ISBN 978-3-947818-29-7

Interim Manager berichten aus der Praxis: Maschinen- und Anlagenbau, Reihe „Von Interim Managern lernen“, Jürgen Becker, Eckhart Hilgenstock, Falk Janotta, Peter Lüthi, Hans-Rolf Niehues, Manfred Richter, Dr. Harald Schönfeld, Dr. Uwe Seidel, Götz Stapelfeldt, Michael Weimar, 312 Seiten, Paperback, ISBN 978-3-947818-75-4

Interim Manager berichten aus der Praxis: Business Transformation, Reihe „Von Interim Managern lernen“, Dr. Bodo Antonić, Jürgen Becker, Udo Fichtner, Rudi Grebner, Michael Gutowski, Lothar Hiese, Eckhart Hilgenstock, Falk Janotta, Kirsten Klomfass, Stefan Löffler, Susanne Möcks-Carone, Manfred Richter, Dr. Harald Schönfeld, Rolf Marcus Schuss, Rainer Simko, Dr. Detlef Weber, 512 Seiten, Paperback, ISBN 978-3-98674-009-2

Marketing- und Sales-Intelligenz im Maschinen- und Anlagenbau, Eckhart Hilgenstock, 76 Seiten, Paperback, ISBN 978-3-98674-020-7

Business Transformation ist der einzige Schritt in die Zukunft, Eckhart Hilgenstock, 72 Seiten, Paperback, ISBN 978-3-98674-058-0

Technischer Einkauf im Maschinen- und Anlagenbau, Manfred Richter, 84 Seiten, Paperback, ISBN 978-3-98674-018-4

Verhandlungen in der Automobilindustrie, Hanno Goffin, Andreas Jüstel, 216 Seiten, Paperback, ISBN 978-3-98674-036-8

Management in China – Geschäftsentwicklung, Restrukturierung, Einkauf, Vertrieb, Fertigung, Logistik, Standortwahl, Qualitätsmanagement, Karlheinz Zuerl, 180 Seiten, Paperback, ISBN 978-3-98674-063-4

Marken-Risiko-Management – Brand-Gefahren: Feuer vermeiden & löschen, Jochen J. Schmahl, 192 Seiten, Paperback, ISBN 978-3-98674-069-6

Kommunikation für Aufsichtsräte und Beiräte, Andreas Dripke, 148 Seiten, Hardcover, ISBN 978-3-98674-073-3

Internationalisierung für Aufsichtsräte und Beiräte, Michael Gutowski, 128 Seiten, Hardcover, ISBN 978-3-98674-075-7

Darüber hinaus sind im Verlag des Diplomatic Council die auf den folgenden Seiten aufgeführten Sachbücher erschienen. Der Verlag ist neuen Autoren gegenüber aufgeschlossen.

Sachbücher

Stasi 2.0 – Wie wir durch den staatlich-industriellen Digitalkomplex zu gläsernen Bürgern werden und was das für unsere Zukunft bedeutet. 2. aktualisierte Auflage, Andreas Dripke, Markus Miksch, 444 Seiten, ISBN 978-3-947818-05-1

Mein Atomknopf ist größer – America vs. North Korea. Jamal Qaiser, 184 Seiten, Paperback, ISBN 978-3-947818-01-3

Rechtsruck – Wie das Wiedererstarken des Nationalismus Deutschland in die Katastrophe führt. Anonyme Autoren, 660 Seiten, Paperback, ISBN 978-3-947818-06-8

Pandemie – Die Welt im Corona-Krieg, 2. aktualisierte Auflage, Andreas Dripke, Markus Miksch, 148 Seiten, Paperback, ISBN 978-3-947818-13-6

Covid-19 Falsche Pandemie – Die fatalen Fehler der WHO und ihre verhängnisvollen Folgen. Jamal Qaiser, Markus Miksch, 234 Seiten, Paperback, ISNB 978-3-947818-15-0

75 Jahre UNO – Macht und Ohnmacht der Vereinten Nationen. Andreas Dripke, Hang Nguyen, 330 Seiten, Paperback, ISBN 978-3-947818-07-5

Die Dekade 2020-2030 – Das kommt auf uns zu!, Andreas Dripke, Hang Nguyen, 362 Seiten, ISBN 978-3-947818-17-4

Corona und Impfen, Andreas Dripke et al., 188 Seiten, ISBN 978-3-947818-18-1

Hacker – Angriff auf unsere Computer-Zivilisation, Anonyme Autoren, 432 Seiten, ISBN 978-3-947818-23-5

Künstliche Intelligenz (KI) – Wir werden gedacht, Dr. Horst Walther, Andreas Dripke, 250 Seiten, ISBN 978-3-947818-25-9

Migration nach Europa – Wir schaffen das und die Folgen, Anonyme Autoren, 510 Seiten, Paperback, ISBN 978-3-947818-32-7

Auto – Vom Diesel-Desaster bis zum selbstfahrenden E-Auto, Autorengemeinschaft Diplomatic Council, 572 Seiten, Paperback, ISBN 978-3-947818-09-9

Digitale Disruption – Alles wird anders, Andreas Dripke et al., 216 Seiten, Paperback, ISBN 978-3-947818-34-1

Welt ohne Bargeld – Bitcoin und andere Kryptowährungen, Andreas Dripke, Stephanie Stoerk, 176 Seiten, Paperback, ISBN 978-3-947818-41-9

Die biometrische Vermessung der Menschheit, Andreas Dripke et al., 212 Seiten, Paperback, ISBN 978-3-947818-39-6

Apple Car – Wie der iKonzern das Auto neu erfindet, Andreas Dripke et al., 284 Seiten, Paperback, ISBN 978-3-94-7818-43-3

Der Wahn mit dem Datenschutz, Marc Ruberg et al., 136 Seiten, Paperback, ISBN 978-3-947818-51-8

Die Apple Agenda – Welche Märkte der iKonzern künftig revolutionieren wird, Andreas Dripke et al., 260 Seiten, Paperback, ISBN 978-3-947818-47-1

Hilfe, wir werden gechippt! – Vom Mikrochip unter der Haut bis zum Hirnschrittmacher, Andreas Dripke et al., 176 Seiten, Paperback, ISBN 978-3-947818-55-6

Cyber War – Die digitale Bedrohung, Marc Ruberg et al., 244 Seiten, Paperback, ISBN 978-3-947818-45-7

Inside WHO – Analyse der World Health Organization (WHO) und ihres Chefs Dr. Tedros Adhanom Ghebreyesus, Andreas Dripke et al., 124 Seiten, Paperback, ISBN 978-3-947818-27-3

2045 – Das Jahr, in dem die Künstliche Intelligenz schlauer wird als der Mensch, Andreas Dripke, Dr. Horst Walther, 104 Seiten, ISBN 978-3-947818-57-0

Der digitale Euro kommt – Fakten, Analysen, Hintergründe, Andreas Dripke, Stephanie Stoerk, 232 Seiten, Paperback, ISBN 978-3-947818-61-7

Digitale Identität – Unser Zwilling im Datennetz, Andreas Dripke et al. 164 Seiten, Paperback, ISBN 978-3-947818-53-2

Denken 5.0 – Was die klügsten Köpfe eines globalen Think Tank über unsere Zukunft denken; Andreas Dripke, Claude Piel, Detlef Schmuck, Dr. Harald Schönfeld, Helmut von Siedmogrodzki, Stephanie Stoerk, Dr. Horst Walther; 292 Seiten, Paperback, ISBN 978-3-94-7818-36-5

Ewige Pandemie – Freiheit ade, Andreas Dripke, Markus Miksch, 204 Seiten, Paperback, ISBN 978-3-947818-59-4

Der Dritte Weltkrieg – Das Undenkbare denken, die deutsche Ausgabe von „How to avoid World War III", Hang Nguyen, Jamal Qaiser, 216 Seiten, Paperback, ISBN 978-3-947818-67-9

Auto ohne Lenkrad – Das selbstfahrende Auto steht vor der Tür, Patrick Dripke, Thomas Gronenthal, 140 Seiten, Paperback, ISBN 978-3-947818-79-2

Roboter im Alltag – Maschinen (beinahe) wie Menschen, Andreas Dripke, 176 Seiten, Paperback, ISBN 978-3-947818-71-6

Irrfahrt E-Auto – Abgesang auf die deutsche Autoindustrie, Thomas Gronenthal et al., 212 Seiten, Paperback, ISBN 978-3-947818-81-5

China versus USA – Kampf um die Vorherrschaft, Dr. Horst Walther et al., 280 Seiten, Paperback, ISBN 978-3-947818-63-1

Krieg in Europa – Unser schlimmster Albtraum, Andreas Dripke, Hang Nguyen, Jamal Qaiser, Dr. Horst Walther, 260 Seiten, Paperback, ISBN 978-3-98674-026-9

Kampf ums Wasser – Die Herausforderung des 21. Jahrhunderts, Claude Piel, 380 Seiten, Paperback, ISBN 978-3-98674-024-5

Asyl – Flucht ins Paradies, Hang Nguyen, 220 Seiten, Paperback, ISBN 978-3-98674-012-2

Das Internet der Dinge – Die Vernetzung umschlingt uns, Andreas Dripke, Wolfgang Odenthal, 132 Seiten, Paperback, ISBN 978-3-947818-99-0

Die Rückkehr der Kernkraft – Warum Atomenergie unsere Zukunft ist, Andreas Dripke, Hang Nguyen, Marc Ruberg, 204 Seiten, Paperback, ISBN 978-3-947818-95-2

Spion im Smartphone – Wie unser Alltags-Begleiter zur Falle wird, Marc Ruberg et al., 208 Seiten, Paperback, ISBN 978-3-947818-85-3

Kampf ums All – Wie Jeff Bezos, Richard Branson und Elon Musk den Weltraum erobern, und die Rolle der NASA, der ESA, Russlands und Chinas, Andreas Dripke, 260 Seiten, Paperback, ISBN 978-3-98674-014-6

Wenn sich China und Russland verbünden... – Die Herausforderung der Freien Welt, Andreas Dripke, Hang Nguyen, Jamal Qaiser, 260 Seiten, Paperback, ISBN 978-3-98674-016-0

Widerstand gegen die digitale Überwachung – Wofür Julian Assange und Edward Snowden kämpften, Marc Ruberg, Detlef Schmuck, 220 Seiten, Paperback, ISBN 978-3-947818-93-8

Alles über Krypto – NFT, Blockchain, Bitcoin & Co, Andreas Dripke, Stephanie Stoerk, 160 Seiten, Paperback, ISBN 978-3-98674-007-8

Computer wie Götter – Die Rechenknechte übernehmen die Herrschaft, Andreas Dripke, Hang Nguyen, 148 Seiten, Paperback, ISBN 978-3-98674-005-4

Das Versagen des Westens in Afghanistan, Syrien und der Ukraine, Hang Nguyen, Jamal Qaiser, 148 Seiten, Paperback, ISBN 978-3-947818-97-6

Das Diesel-Desaster – Die Geschichte des größten deutschen Industrieskandals, Thomas Gronenthal et al., 340 Seiten, Paperback, ISBN 978-3-947818-83-9

Der Dritte Weltkrieg – Das Undenkbare denken, Hang Nguyen, Jamal Qaiser, 268 Seiten, Paperback, ISBN 978-3-947818-67-9

Metaverse – Was es ist, wie es funktioniert, wann es kommt, Andreas Dripke, Marc Ruberg, Detlef Schmuck, 256 Seiten, Paperback, ISBN 978-3-947818-87-7

Klimakatastrophe – Wahn oder Wirklichkeit, Hang Nguyen et al., 184 Seiten, Paperback, ISBN 978-3-947818-49-5

Was nach dem Smartphone kommt – Eine Reise in unsere digitale Zukunft, Andreas Dripke et al., 152 Seiten, Paperback, ISBN 978-3-947818-69-3

Sebastian Thrun – Eine deutsche Karriere im Silicon Valley, Andreas Dripke, 298 Seiten, Hardcover, ISBN 978-3-98674-062-7

Ich bin nicht woke – Eine Widerrede gegen Gendern, Woke, Cancel Culture und anderes Gedöns, Mai Linh Tran, 184 Seiten, Paperback, ISBN 978-3-98674-065-8

Masterplan: Wie Elon Musk unsere Welt erobert, Andreas Dripke, 288 Seiten, Paperback, ISBN 978-3-98674-056-6

ChatGPT und LaMDA sind erst der Anfang – Wie Künstliche Intelligenz unser aller Leben verändert, Andreas Dripke, Tony Nguyen, Dr. Horst Walther, 200 Seiten, Paperback, ISBN 978-3-98674-067-2

Die digitale Zivilisation – Die Genesis und Zukunft unserer Informationsgesellschaft, Andreas Dripke, Harald A. Summa, 232 Seiten, Paperback, ISBN 978-3-98674-044-3

Diplomatic Council (DC)

Das vorliegende Werk ist im Verlag des Diplomatic Council (DC) erschienen: DC Publishing.

Das Diplomatic Council verknüpft einen globalen Think Tank, ein weltweites Business Network und eine Charity Foundation in einer einzigartigen Organisation mit Beraterstatus bei den Vereinten Nationen. Der Autor und die Herausgeber des vorliegenden Buches sind hochgeschätzte Mitglieder im Diplomatic Council.

Alle Mitglieder vereint die Überzeugung, dass Wirtschaftsdiplomatie ein tragendes Fundament für die internationale Völkerverständigung und den friedlichen Umgang der Nationen darstellt. Aus dieser Erkenntnis heraus überträgt das Diplomatic Council das Ziel der globalen Völkerverständigung in ein ökonomisches Mandat. Die Methodik eines weltweiten Wirtschaftsnetzwerkes wird mit der diplomatischen Kommunikationsebene der Staaten dieser Erde untereinander verknüpft.

Vor diesem Hintergrund sind im Diplomatic Council Persönlichkeiten aus Diplomatie, Wirtschaft und Gesellschaft engagiert, die mit Augenmaß ausgewählt werden und die sich durch eine hohe Akzeptanz, eine hohe Kompetenz und ein mit den Grundpfeilern des Diplomatic Council übereinstimmendes Wertesystem auszeichnen. Ebenso sind Unternehmen willkommen, für die Corporate Social Responsibility weit mehr als nur ein Schlagwort ist.

Weitere Informationen: www.diplomatic-council.org/application

Steinbeis Augsburg Business School

Die Steinbeis Augsburg Business School unterstützt Unternehmer und Führungskräfte dabei, ihre Visionen zu zählbaren Ergebnissen zu machen. Die Business School arbeitet auf Basis der Augsburger Schule der Transformation, systemisch verankert und mit dem notwendigen Implementierungsverständnis des integralen Denkens.

Seit über 30 Jahren steht Steinbeis für Veränderungen weltweit und in Deutschland. Aus dieser langjährigen Erfahrung im Bereich der Beratung, der Mediation und des Coachings leitet sich ab: Echte Veränderung nachhaltig zu gestalten ist eine komplexe Herausforderung. Die Steinbeis Augsburg Business School hat daher neue Wege entwickelt, um eine gelungene Veränderung garantieren zu können.

Gerne werden diese Kompetenzen bei Unternehmen ganzheitlich eingesetzt. Dazu gehören die Schulung der Mitarbeiter, die Beratung für Unternehmer und Führungskräfte vor Ort sowie die Unterstützung, um am Ende nachhaltige Ergebnisse in der Umsetzung zu erzielen. Dies umfasst auch die Realisierung: Neben der Vermittlung von Know-how und Erfahrung setzt das Team der Steinbeis Augsburg Business School mit Tatkraft Projekte gezielt um, vom durchdachten Projektplan bis zur fertigen Realisierung – alles aus einer Hand und in einer Sprache, damit eine Veränderung wirklich gelingt.

Die ganzheitliche Herangehensweise unterstützt dabei, Menschen, Prozesse, Organisationen und Betriebskulturen zu verändern – nachhaltig und wissenschaftlich fundiert. Rund 10.000

Unternehmen haben diese Veränderungskraft der Augsburger Schule der Transformation schon für sich entdeckt.

Steinbeis-Stiftung für Wirtschaftsförderung

Die Steinbeis-Stiftung für Wirtschaftsförderung (StW) bildet das Dach des Steinbeis-Verbundes. Ein Kuratorium, dem Repräsentanten aus Wirtschaft, Wissenschaft, Politik und Verwaltung angehören, legt die Grundsätze für die Arbeit der Stiftung fest. Die gemeinnützige Stiftung und ihr für alle wirtschaftlichen Aktivitäten im Wissens- und Technologietransfer verantwortliches Tochterunternehmen Steinbeis GmbH & Co. KG für Technologietransfer (StC) sind Basis der Organisation und haben ihren Hauptsitz in Stuttgart.

Steinbeis agiert unabhängig von staatlicher Förderung und stellt sich mit seinen Dienstleistungen konsequent den Spielregeln des Marktes. Der unternehmerisch gestaltete und verantwortete Transferprozess und ein dezentrales Agieren in einem zentral gestalteten Rahmen bilden die organisatorische Basis für den Erfolg.

Quellenangaben und Anmerkungen

[1] https://www.spiegel.de/wirtschaft/wal-mart-in-deutschland-chronologie-eines-scheiterns-a-429049.html
[2] https://de.wikipedia.org/wiki/Walmart
[3] https://www.wuerth.de
[4] https://www.stihl.de/de
[5] https://www.trumpf.com/de_INT/
[6] https://de-de.sennheiser.com
[7] https://www.fuchs.com
[8] https://steinbeis-ifem.de/zertifikatskurs-aufsichtsrat-und-beirat/
[9] https://www.diplomatic-council.org/de/steinbeis
[10] https://de.wikipedia.org/wiki/Internationalisierung
[11] https://www.diplomatic-council.org/de/who-we-are
[12] https://www.swr.de/swraktuell/baden-wuerttemberg/bilanz-bw-the-laend-kampagne-100.html
[13] https://www.spreadshirt.de
[14] https://www.mymuesli.com
[15] https://www.zalando.de
[16] https://de.wikipedia.org/wiki/Samwer-Brüder
[17] https://www.ritter-sport.com/de
[18] https://www.cyberport.de
[19] https://www.storck-bikes.com/de
[20] https://www.montredo.com/de-de/
[21] https://www.european-news-agency.de/politik/pflegesystem_in_deutschland_kollabiert_-85650/
[22] https://web.de/magazine/ratgeber/job-gehalt/fuenftel-offene-stellen-anhaltender-personalmangel-gastronomie-37223248
[23] https://taz.de/Personalmangel-an-Flughaefen/!5860904/
[24] https://www.zdf.de/nachrichten/panorama/handwerk-mitarbeiter-fachkraefte-personalmangel-100.html
[25] https://kpmg.com/ch/de/home/branchen/gesundheitswesen/fachkraeftemangel-im-gesundheitswesen.html
[26] https://www.auswaertiges-amt.de/de/service/fragenkatalog-node/02a-blue-card-eu/606572